# 微軟商學院

微軟總經理蔡恩全的工作哲學，
打造「不設限」的全方位將才！

蔡恩全——著

# 懷抱夢想，永不設限

星宇航空董事長 張國煒

在航空產業裡，ＩＴ是非常重要的基礎，尤其是新一代航空公司，從品牌定位、銷售、財務、艙位管理系統，無不仰賴ＩＴ的整合，這也讓我和 Davis 成為密切的合作夥伴。

跟 Davis 相識的淵源來自前東家——長榮航空，一直對電腦軟、硬體充滿興趣的我，和這位響噹噹的 Microsoft 高層可謂一見如故，Davis 隨和又健談的個性，遇上我這直率的性格一拍即合，從初相識至今，一路聆聽我這位「重度使用者」對產品的抱怨和意見，當然，最真誠的語言，也創造了彼此最真實的友情。

Davis 是標準的常飛旅客，曾受我之邀，情義相挺地擔任了「品牌大使」，在繁忙工作之餘，還得親自參與試鏡、定裝、拍攝……繁複又陌生的工作，但Davis做什麼、像什麼，就如同他書中不斷傳達的態度一樣──「永不設限」，我想這也是為什麼，在Davis的世界裡，永遠有辦法創造出無限的可能。

初讀《微軟商學院》書稿，令我十分感動，書中無私分享的經驗談，都是最真實的職場現狀，也是每一個企業對於夥伴們所懷有的期許。台灣已走過快速成長的高峰期，今時今日，時空背景大不相同，職場上的國際競爭與挑戰，已更加艱鉅，但成功方程式是有脈絡可循的，一如Davis在自序中所言，要透過自己的經驗給予年輕人一些幫助，讓他們在漫漫職涯及人生路途，少走一些冤枉路。

這一世代的青年普遍受過完善的教育，透過國際視野與新科技的薰染下，絕對充滿希望和原創性，從中找到自己的熱情所在，學習更優化的態度與方法，未來的天空將無限寬廣。

# 一路超越自己的成功典範

Aeolus Robotics 公司創辦人與執行長　**黃存義**

我第一次認識 Davis 是在 HP Taiwan 的 cafeteria，聽到他與剛進公司的同事興高采烈的聊出國訓練的收穫，直覺這個人聰明樂觀正向，是標準的ＨＰ人。那時更多人直接叫這公司 Hewlett-Packard，是當時大多數理工科畢業生的夢想公司之一，以 High performance, high pay 出名。我與 Davis 業務不直接相關，接觸很少，但只要碰到，總可以感覺他快樂熱忱的情緒。一晃多年，我任職台灣微軟數年，當時微軟開始由稱雄ＰＣ桌上軟體的 Windows、Office 等，進入伺服器各種軟體（Windows Server, SQL servers），像是小孩子要挑戰大人的感覺，當時公司廣發英雄帖，到處找尋業界傑出高手。經由介紹，Davis 從

IBM前來面試，聽到他在HP爭取選上employee club chairman，連續幾次自我推薦企圖由硬體維護工程師轉成銷售代表不成，最後跳到IBM做銷售代表，就覺得這個小伙子很有企圖心，也很有方法。當下直接僱用，讓他去做很有挑戰的MS Mail（後來改成Exchange Server），也從那時我一路看他不斷成長。

早期微軟從總公司到分公司都是朝氣蓬勃，產品不斷推陳出新，從桌上軟體延伸到伺服器．軟體到internet軟體。我們加入時從其市佔率從$1B左右一直成長到$80B。在台灣，微軟從小小十五個經銷商慢慢成長到二千多家經銷商，幾乎全台灣的通路都直接成為微軟的行銷夥伴。最後甚至直接進入大型企業，搖身一變成為大企業的主要軟體供應商。商戰的過程，每一個產品的市場佔有率都是從0％一步一步打出來，最後都遠遠超過50％，而且每一場行銷戰爭，微軟台灣分公司幾乎都是帶頭比全球分公司更早衝出當地市場市佔率第一名。微軟總部也常常派人來觀摩為什麼小小分公司的能量與戰鬥力這麼出色！Davis 就是其中一個出色的戰將，在這樣的氛圍裡吸取成功的養分，從一個產品經理，維護部經理，軟體顧問部協理，大型企業副總一路晉升，從產品行銷、企業銷售、產品維護、企業用戶顧問，每一兩年換個新職位，雖然隱含著栽培領袖的味道，卻從來不告訴他，冷眼看他如何從戰鬥中成長、茁壯，終於變成微軟台灣的真正全能（all rounded）高階經理人。

這期間，微軟公司與文化有顯著的蛻變。從精力充沛的小鋼砲公司高速成長到世界級的超級軟體公司，最後變成步履　蹣跚的大企業。從一個以創新來增進成長的公司到後來十年變成僅能靠營運效率來維持利潤的世界級企業。公司對員工的績效指標由關鍵幾個變成三，五十個指標，公司年度總檢討由對客人與競爭者深入的分析變成以內部作業效率提升為標的。直到最近幾年換新 CEO 才將死氣沉沉的氛圍重整恢復成成長型的微軟，至今已經成長到 $100 B 的市佔率。這樣三溫暖式的變化，對於任何一個專業經理人都是極大挑戰，陣亡者不知幾何。Davis 面對全球十萬個精英人才，彼此隨時隨地互別苗頭，各顯神通之下，超越公司的變革，不斷學習，增加自己的新能力，不隨著公司在產業的升降，反而不斷調整自己自己的心態，最後在諸多優秀同儕中脫穎而出，榮陞台灣分公司總經理。目前外商在大陸大力擢升當地人才（他們有十三億人口，人才濟濟），Davis 這兩年再次獲得總部青睞，升任職微軟大中華區要職，他自己努力累積的能量，真是關鍵！也是專業經理人的典範！

這本書每一個章節我都看到 Davis 成長的歷程，成功與失敗的心得。裡面處處透露著玄機，在各種不同的場合情境，都必須保有正向的心態，面對著新的情勢發展或者新的任務指派，表面一派輕鬆，卻暗中嚴陣以待，自己準備周全。這本書提供職場中新鮮人，無論為人處世，都是正向周到的思想建設，沙場老將看一看也可以溫故知新，值得推薦！

contents

# 自序

這些年來我有不少機會四處演講，對象大多是年輕人，在演講裡，他們最常問我的問題便是：「台灣的就業環境這麼差，我不知道自己的未來在哪裡？」

的確，翻開雜誌或是新聞報導，總是不斷講述著台灣年輕人所面臨的就業低迷及低薪現象；這樣的情景也讓我回想起三十多年前的自己，當時我也和現在的年輕人一樣，向父執輩抱怨，人海茫茫、工作難找，好機會都被其他人佔走了。

今時今日再回頭看，在我剛畢業的那個年代，根本沒有人預料到會出現台積電、聯發科、微軟這一類的大企業，遑論Google及Facebook、阿里巴巴及騰訊，那時壓根連個影子都沒有。因此，當我回顧自己的職涯才發現，其實重點不在於時機、也不在於年代，而是你能不能提升自我，掌握眼前的機會。

不少公司在面試人才時會透過一些人格測驗來輔助，這在外商企業尤其常見，不光是面試，還用在高階主管身上，分析其人格特質，更知道如何協同合作及相處。

在微軟，我總共做了三次的人格特質測驗，基本上這個測驗是把人分類成四種顏色，每一種顏色象徵不同的人格特質。以紅色性格為例，屬於支配型人格；黃色則是喜歡影響別人、跟人互動，個性很外向；至於藍色則處事非常謹慎，凡事都需要實證及數字佐證；而最後一種綠色是支援者、團隊工作者。

這四種測驗結果，並不是要為他人貼上刻板標籤，而是以個人行為特質的角度來看，舉例來說，有些人紅色比例特別高，也有一定比例的藍色。這種情況在外商企業特別常見；通常在外企裡，大多數位居高階的主管都是紅色，其次為藍色及黃色，有可能是因為外企重視績效表現的緣故。然而，我的測驗結果卻相當出人意表，是綠色型。

還記得第一次進行這個測驗時，每一個受測試的主管依結果分成四個區域，絕大多數人都站在紅色區，只有我一個人是綠色。有個同事還因此下了一個結論：「Davis 一定有發展出一套自己獨特的心法，要不然，他活不到現在。」有趣的是，我在不同的時間所進行的三次人格測驗，綠色部分都沒有什麼變化。

由於這個測試是根據直覺回答，並非測試專業能力，因此它其實反應的是一個人的人格特質。其實，在競爭激烈的工作環境裡，若我始終是純綠色，其他顏色佔比很低的話，也無法存活；換句話說，當我身處在壓力環境下便會刻意讓自己上緊發條，這時其他顏色像是紅、黃、藍比例就會升高，讓我能夠勇於迎接挑戰。但是不管測驗結果如何，我相信一個人的本質都不會改變太大。

儘管我們的職涯與許多因素與機運脫離不了關係，可是很多時候，也跟你的付出息息相關。幸運的人，一路上也許能夠遇到不錯的貴人、導師願意提拔你，但是別忘了，態度及基本功永遠是最基本、也是最不可或缺的成功關鍵。

回顧我這三十多年來的職涯，我做過各種研發、技術服務、業務及市場行銷工作，在轉換過程中有不少的心得可以和大家分享，而我也以自己的經歷提供了另一個生涯藍圖思考，工程師不僅可以轉換跑道成為業務，綠色型的人也能在紅、黃、藍色型居多的工作環境，走出自己的一片天。

年輕的時候，我一路摸索前進，漸漸走出不一樣的路，仰仗的就是本書中所要分享的由內功心法所累積出來的能力，這些能力並非只是單一面向而已。當然，能力的構成面很多，我無法在書中全都一一分享，我所分享的都是闖蕩職場的基本功。

我看到很多年輕人在職場上跌跌撞撞，不是能力不夠，而是少了一點提點，如果這些年輕人能夠有機會獲得提醒，也許就能夠省下一些從錯誤中嘗試的時間與成本。因此藉由這本書，我希望提供自己過往的經歷，幫助年輕的你們，少走一點冤枉路，並且在茫茫人海裡，找到自己的定位。

所謂：「時也運也命也。」時、運、命是擋不了的，但是這本書要傳遞的其實很簡單——「你永遠可以先把自己準備好，當『時運命』來的時候，你才能掌握得到。」不管時代是好或壞，把基本功練好、馬步蹲穩，你的機會自然就有可能比別人高。

## Davis 的人格測驗結果

**性格（意識）**

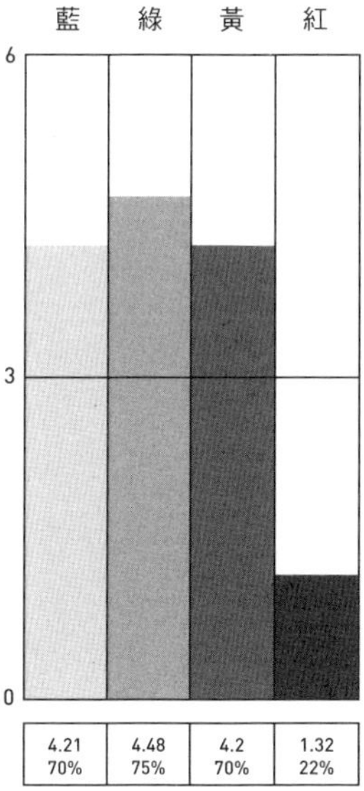


在面對到壓力環境時，
上緊發條，其他顏色的比例就會增加

**性格（非意識）**

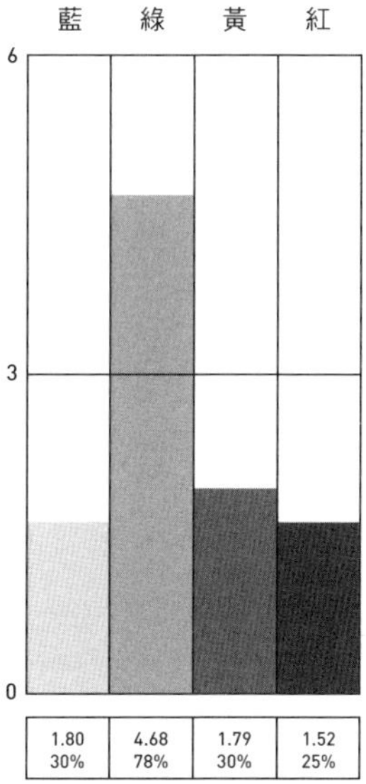


在不刻意強化意識的情況下，
人格特質明顯是以綠色為主。

**紅色性格** 屬於支配型人格，追求權力，喜歡當指揮者。

**黃色性格** 喜歡影響別人、跟人互動，個性很外向。

**綠色性格** 是支援者、團隊工作者。

**藍色性格** 處事非常謹慎，凡事都需要實證及數字佐證。

# 你有選擇

對你來說，工作的意義是什麼？

老友的兒子來找我「聊聊」，原因很簡單，他為了找工作的事情跟老爸起了衝突。

這位退休前擔任科技業高階主管的老友，希望在美國念經濟系學成歸國的兒子也能找份科技業方面的工作，但兒子一心只想從事餐飲服務業的行銷業務，兩人意見相持不下，所以老友就請他來找我談一談。

對於初出茅廬的社會新鮮人來說，科技業的待遇的確比其他行業優渥，也是目前的熱門產業。面對眼前這位帶著二分無奈、三分怒氣、五分疑惑的年輕人，我大可以自己身處科技產業多年的經驗說出一番人生大道理，但是我深知很多時候衝突的產生，是來自於不同世代的價值觀落差。因此在職場上與年輕下屬溝通時，我常常提醒自己要懂得換位思考，別只會嘴上說「我吃過的鹽比你吃過的米還多」，成為一個愛說教的長輩。

「很好啊，那就做做看吧！」聽完他的初步想法後，我先給他打了一記強心針。

也許是我的反應出乎他的意料，他開始敞開心門，說出內心的想法。他說自己不願意聽從父親的建議，是想爭取更多的選擇自由，而他堅持靠自己的力量闖出一片天空的背後，也隱藏了對於未來的不安與不確定感。

剛畢業或退伍的年輕人，要找出對的方向，以及讓自己在這社會生存是一大課題，也是一段實現自我的旅程。絕大多數人包括我在內，在剛踏入社會時並沒有所謂的職場導師，頂多透過學長姐的經驗或參考所謂成功人士的故事，踏出第一步。

在我成長的一九八〇年代，台灣正值高科技工業萌芽時期，讀電機科系成為理工組的第一志願，所以大學聯考選填志願時，我毫不猶豫地選擇了電機工程學系就讀。

## 為自己所作的每個選擇、每個決定負責

我是在台中鄉下眷村長大的「鄉下囡仔」，也是俗稱的「芋仔番薯」，父親是外省人，母親是台灣人，出了家門後隔條巷子就是一片片綠油油的稻田，小學同學家裡也幾乎都以種田維生。上一輩每天辛苦地勞動，無非是為了能養家活口求得溫飽，他們期待孩子們能擠進一所頂尖的大學，將來畢業後找份好工作，過更好的生活。

高三那一年的我埋首苦讀，終於考進大學，看似踏出了成功的第一步，但老實說，我喜歡的是文學、歷史，電機工程學系必修的微積分、工程數學、電磁學等科目令人頭痛不已，我得花很多力氣去消化那些硬邦邦的知識。

成為大一新鮮人後我把很多時間花在辦活動上，像是最高紀錄舉辦過

十七間「寢室聯誼」，還有那年代大學生最熱中的舞會，我也經常是主辦人之一。

從小到大，我的個性就屬於比較害羞內向型，從來不會扮演主動積極、閃閃發光的角色，但我喜歡服務人群，透過一次次聯誼與舞會，從安排場地、找音樂、聯絡合作廠商、校內宣傳，到想辦法炒熱現場氣氛、控制活動時程等，讓我在整合人事物方面更為得心應手，我是那種內向但是"enjoy being with people"（樂於與人群在一起）的人。

儘管當時所經歷的一切，在現在來看都是有意義的，但當時的我卻忽略了，在對的時間做對的事情有多重要。由於我沒有拿捏好學業與課外活動之間的平衡，大二時，差點面臨了被退學的慘況。

當我接到這個惡耗時，驚嚇、懊惱、緊張……整個人彷彿浸泡在一池子苦澀的泥淖裡。前思後想，終於還是硬著頭皮打電話回家，告知家人自己可能會被學校退學的命運。

我的父親是位剛正不阿、做事一板一眼的軍人，一聽到這個壞消息，立刻從台中鄉下搭夜車趕到新竹來看我，父子倆在校園湖畔，懇談了半小時。「沒關係，如果真的讀不下去就算了，你去念軍校吧。」最後父親這樣說。

在這個關鍵時刻，父親沒有將犯了錯的我痛罵一頓，而是提出了另一項我從未想過的人生選擇——唸軍校。這句簡短而有力的話語，對我未來的人生有著深刻的影響。

從這次事件當中，我第一次深深體會到，人必須為自己所作的每個選擇、每個決定負責任。一旦你發現自己做錯了事，認錯悔改才是最好的解決之道。

## 父母放開心胸包容孩子找到自己的天空

二〇〇〇年，我的父親驟然去世，這是我的人生中一個很重大的轉捩點，看到一個很親近的人突然從眼前消失了，我才猛然想起，其實我和父親之間還有很多話都沒機會說。二十年前，和他在成功湖畔談話的半小時，也成為人生中彌足可貴的記憶。

年輕的時候，我是個拚命三郎，永遠將工作擺在生活的第一順位。後來，隨著岳父和父親相繼去世、女兒漸漸長大，讓我不禁停下腳步來思考更多人生的課題：「當我離開這個位子時，別人還會記得我嗎？談論到我時，他們會覺得我很能幹嗎？業績有多棒嗎？」其實沒有人會在乎這些，他們記得的是我們之間共同擁有的美好回憶；我是不是一個好人、是不是一個好主管？他們也許不會記得我曾是微軟台灣區總經理，帶領著工作團隊創下業績成長三倍的亮麗成績，卻會記得你曾經耐心傾聽，並盡力無私地幫過他／她或在無數次的開年大會時，大家盡情喝酒喝到醉、無話不說的情景……

這個社會上存在一些根深柢固的主流價值觀，像是做父母親的往往認為孩子達到某些成就才是成功，所以會建議孩子遵循前人走過的路，希望他們以後能少吃一點苦，一如當時身為職業軍人的父親告訴我不唸大學的話就去當軍人。我自己也常期待女兒做這做那，說穿了也是相同的心態。當父母發現孩子在人生的十字路口徬徨不安時，總忍不住想要指出一個比較明確安穩的方向，其實做父母的心胸應該要更開闊一點，包容孩子有不同的發展面向，給孩子空間，找到屬於自己的天空，讓這個社會更多元。如此一來，親子關係就不會那麼緊張，孩子也比較快樂。

## 給自己三年的時間

這位老友的兒子又問我，萬一他到了餐飲服務業當業務，最後發現工作內容跟自己原先想像的有落差，後悔了，想換工作該怎麼辦？

「那就趕快換吧！」我說。剛出社會的新鮮人勢必會經歷一段陣痛期，我認為最好在一到兩年內找到真正能穩定下來的工作，頂多給自己三年時間就定位，而第一年覺得真的不適合，想換工作的話動作就要快。

這也是我的經驗之談。退伍後我找到的第一份工作，是在一家公司擔任研發工程師，工作內容是負責編寫控制機械手臂的組合語言，但是我很快就發現坐在電腦桌前埋頭寫程式碼的工作並不適合我，在上班不到幾天就決定要走，現在回想起來，年輕時雖然懵懵懂懂，但當機立斷的決定還是正確的。

想起自己在剛退伍時找工作並不順遂的那段時期，也曾與一位事業有成的長輩聊過。這段故事我會在後面的章節進行分享，當時他給我最大的啟發，便是鼓勵我不要太悲觀，因為每個人都有打開機會之門的可能，但是你要準備好，才能抓住迎面而來的機會。

的確，在這個世界上很難真正找到完美的工作，在採取行動之前最好先有個概念，將「自己想做的工作」、「適合自己的工作」、「實際能夠從事的工作」分開看。每個人都希望學以致用、樂在工作，並且這份工作可以滿足你對於經濟及精神層面的需求。但現實狀況是，你可能要花上很多年才能找到比較理想的工作。

所以，一開始設定好產業別是較省力的方式，不妨從就讀科系跟專長來鎖定工作領域，我是以科技產業為主，透過幾次換工作的過程來聚焦。切記換工作的原則是相對而非絕對，如果一開始就抱持著非得從事自己百分之百喜歡的工作不可的心態，等於限制了自己的腳步。

你可以因為企業文化、公司制度、職能合適度等理由換工作，但若一年內換了好幾份工作，那就得好好思考一下原先設定的方向是否有誤，或事先沒做好資訊收集的準備。例如，一樣是外商公司，美商跟日商公司的企業文化就大不相同，這些資訊只要上網查詢或請教學長姐都可得知。

## 細節競爭力堆疊出工作的態度及專業

許多社會新鮮人或是實習生常會因為被主管指派做一些雜事，就覺得自己大材小用、不被看重，或者是與自己當初進公司的預期有落差而萌生離職的念頭。要知道，「萬丈高樓平地起」，不要小看工作流程裡的每一個細節，就像在灑掃應退中若能用心觀察與體會，即使是一件微不足道的事，也將會讓你往後的人生得道多助。

去北京微軟工作之後，我一個多月才回來台灣一次，所以在公司裡有很多年輕同事都不認識我，走在路上即便看到，他們也不免疑惑：「這位阿伯是從哪裡來？」但是有些人在以前我當總經理時加減有印象，就算我不常出現，一看到我就迎面微笑，更積極一點的還會打聲招呼，喊句：「Davis好！」給我的印象便相當不同。可惜的是，很多人卻都當作沒看到，就這樣擦身而過，反而讓人留下不佳的印象。

即使是像打招呼這樣小小的事情，如果在職場裡，有人點你一下，搞不好以後遇到的困難，會遠比你得到的好處少很多，千萬不要小看它，也許有一天就有可能會幫到你。

我在退伍半年內陸續換了幾個工作，最後終於進入美商惠普擔任支援工程師。以一個剛退伍沒幾個月條件也沒有比別人好的菜鳥來說，這個工作的待遇比本土公司優渥，支援工程師的工作內容也很明確，主要任務就是客戶服務跟電腦設備維護，符合我當時的職能條件，以及喜歡服務人群的個性。再來八〇年代的惠普是一家頂尖的國際企業，以人性化管理享譽全球，加上組織結構完善、有很好的教育訓練制度。無論從哪個角度評估，都是上上之選，而我當時的感受也是：我終於找到一個「適合」我的工作。

說穿了，我的工作就是個「修電腦」的，但我用正向的加法原則看待這份工作。我很珍惜這份得來不易、「合適」的工作機會，從還是新人時期就戰戰兢兢地學習，努力強化自己的專業知識，也常常自願留下來加班到半夜，並向前輩虛心求教。

講到細節裡的競爭力，還記得在一九八八年，有一間位於淡水的工廠，是我們的客戶。當時要進行資料備份，必須把硬碟備份轉存到磁帶，需要花上長時間轉存。該工廠裡有一位很粗枝大葉的系統管理員，他偷懶了三個月，沒有將資料備份。那個年代的硬碟很貴，在大型主機系統裡，四十個

gigabyte 的硬碟，要價為四千萬台幣，如今四百 gigabyte 還要不到兩千元，可見當時硬碟若是掛掉，是多麼大的一件損失！而很不幸地，工廠的硬碟毀掉了，一接到這樣十萬火急的通知，我就火速開車前去修理，縱使是大半夜也沒有遲疑、沒有抱怨。

事實上，在我之前，公司有先派一位資深工程師前去，他一看完全沒輒，很快就提出全系統重灌建議，把三個月前的版本給重裝回來，這個方式能很快解決問題，同時也減少麻煩，但是卻會把之前的資料都 format（格式化），而重要的 accounting database（會計資料庫）就在裡面，一旦格式化資料沒了就無法發放薪水，客戶急得跳腳。

我到了現場檢視後，便與客戶協調，商請他們忍耐個三天，將主機資料交給我，我請貨運行把主機搬回去公司，利用 offline（離線）的技術重新把資料環境架構起來，直接進去硬碟，一點一滴地慢慢檢視它所有的資料。這個方式雖然花時間，但系統還開得起來，代表硬碟尚未全毀；果真皇天不負苦心人，最後找到一個關鍵，修改後系統就運作起來了！於是我立刻備份三份，衝回去給客戶，成功化解了客戶發不出薪資的窘境。

分享這個故事是要點出一個重點：如何正向看待機會及注意細節，專業的態度會幫助你產生未來競爭力。當時雖然我只是個小小的維修工程師，不如前先派去的同事資深，可是當我這麼努力抓住時機點，就突顯出我的不同。這些細節的競爭力，就會堆疊出你對工作的態度及專業，不同程度的表現出來就是不一樣的品質及未來的職涯競爭力。這些細節上的點點滴滴積累也確實幫助我在後來二、三十年的職涯裡有不錯的發展。

原本我對自己的生涯規劃是先當兩年工程師再轉換到真正有興趣的工作，結果惠普開明的企業文化和重視人的工作環境，讓我一直工作得很開心，一待就是五年多。

所以，我非常建議大家以「相對」的眼光來看待工作這件事，也許你會發現這個工作並不如你所想像的那麼不合適，不妨再給自己多一些時間，努力去適應它。

路是無限寬廣，在人生的每個十字路口，你始終是有選擇的。

# 知己知彼

幾年前，女兒準備參加大學推薦甄試時，我心想，自己好歹在職場上工作這麼多年，面試經驗也不少，於是自告奮勇扮演她的口試老師。有時我們還會趁著週末假日一面爬山、運動，一面口試，中間穿插英文練習，後來發現，她口試時被問到的問題，幾乎沒有超出我們的模擬範圍。這並不是我猜題神準，而是在身經百戰後，累積出一些基本的 know-how（知識、竅門）。同樣的經歷也應用在女兒申請美國ＭＢＡ的過程中，我參與其中，發現新時代的年輕人的競爭力和我們這一代雖然大不相同，儘管如此，「解決問題的能力」還是相同的。過去傳統所重視的就是在學校從事上課以外的活動學習及體驗，例如辦社團，如今的年輕人反而多了多元文化的體驗，還有對文化及社會的貢獻。因此，如果還來得及的話，不管念書或工作的時候，就要不斷累積這些履歷。

有人問我面試是不是有什麼潛規則，事實上，沒有一個面試的公式是適合套用在所有面試官身上，說穿了，最關鍵的莫過於「知己知彼」，這四個字雖然看似簡單，卻是放諸四海皆準。就像今天你要去台塑集團面試，過程絕對跟去微軟面試是不一樣的。

《孫子兵法》說：「知己知彼，百戰不殆」，發動戰事之前，若能對敵我雙方的情況瞭解透徹，就可立於不敗之地。在面試前你一定要先做功課，研究一下這家企業的背景，他們的理念是什麼，進而擬定策略。若你能夠認識在這家公司上班的人，就可從中得到第一手資料；即使沒有人脈也沒關係，向熟識這家公司的人旁敲側擊，或是針對資料做一些分析，例如面試官曾在網路上發表過一些文章，將它應用在面試裡，就可能加深對方對你的印象。同時，我個人認為儀表是很重要的，穿著、談吐與儀態等都要注意。千萬別小看這些訣竅與細節，很有可能會小兵立大功。

我以自己所處的職場環境為例，微軟是美商企業，雖然通稱「外商」，但是外商分成很多種，日商的管理風格就跟美商截然不同，甚至歐商也不盡相同。即便同樣是美商，IBM、HP很重視本土化，微軟則十足美式作風。

## 猜題的重要

我女兒準備學測時，除了口試，我也替她模擬猜題，而她自己竟然整理出挺有一套的自我介紹，真的很厲害！

猜題很重要，因為我們不是電腦，不可能每一條腦神經的CPU都跑得夠快，也不是每個人都能馬上產出有條不紊的回答，尤其是缺乏經驗的年輕人，即便口才再好，但內容常是空洞的，內行人一聽往往就破了功。

對社會新鮮人來說，一般基本的面試問題，上網都能找到，而有一些基本題，像是你在學校除了唸書以外，還做了什麼事？這幾乎是必考題。你的回答不見得要顯示你有多麼輝煌的經歷，通常這類考題是想要測試你的表達能力到什麼程度？應對進退是否合宜？倘若你的眼神游移、東張西望、言詞閃爍不定，自然就無法獲得主考官的青睞。另外我還想提醒你一個老掉牙的方法——「考古題」，你一定要盡全力去挖掘出來，不管從朋友、校友、學長姐都行。

在這樣的情形下，面試重點將會放在你這個人怎麼表現。回答每一個問題時不見得要說出完美的標準答案，事實上，你該思考的是主考官想要聽什麼。如果你沒有辦法收集到相關資料，那就只能照最規矩的方式回答，就是先聽懂對方的問題，再把問題條理化地回答。

另外，面試時會有這類的問題："tell me a little bit about…"（跟我描述一些關於……）其實最難回答。什麼叫"a little bit"（一些）？究竟是要講多少？通常沒有事先準備的話可是會當場傻眼。

像微軟這樣的美商公司，答題有層次是非常重要的。面試你的人若是初階經理人可能好一點，但若是事業群的主管，首先你要理解一件事，絕大部分的高層主管，工作都不輕鬆，沒有時間聽你講一堆廢話。

假設你運氣很好，遇到很有耐心聽你講話的主管，代表他修養好。但別忘了，他的時間不多，可能只能跟你談個三十分鐘，最多一個鐘頭，在這短短的時間內，他會期待聽到他所想聽到的東西。也許你不見得能完全猜中他想聽什麼，但在美商公司有一個簡單的面試技巧，只要掌握這個方法，就能講起話來有層次、有邏輯。

## 培養講故事的能力

講完這些面試的小訣竅後，我想回頭分享如何準備好一份履歷表。畢竟，履歷是工作機會最重要的敲門磚。

首先，文字塞得密密麻麻的履歷，肯定是沒人喜歡看的。事實上，寫履歷表的方法和寫 email 一樣，一定要有一個吸引人目光的 summary statement（摘要陳述），將你的專業背景及經驗簡明扼要地表達，並突顯出自己的長處，這也是整份履歷最不好寫、最費時的部分，需要有專業的鋪陳。

對於畢業生來說，傳統履歷的寫法，除了將自己的專業也就是科系做一個摘要外，重要的是要在專業以外，也就是自己在學這段時間，從事過哪些重要活動摘錄出來，比如說你帶過社團、參加什麼活動或競賽等等，甚至你可以分享參與這些活動時，從中的收穫為何？讓人資部門在進行判斷時有更多的記憶點，也就是要突顯你的人格特質是否符合這個職位的個性。

而當你不再是社會新鮮人，而是有五年左右的工作經驗時，倘若今天想要轉換跑道，這時要突顯的更是人格特質。舉我自己在惠普當了五年工程師後轉業務為例，我雖然是工程背景出身，但不代表就只適合做工程師；一個業務需要的特質是什麼？第一個就是思考邏輯以及講故事的能力。

當時我向業界業務力最強的外商ＩＢＭ丟履歷，也成功獲得面試機會。還記得那時面試我的一位一線部門主管，突然沒頭沒腦地丟給了我一個問題：「Davis，你是做工程的，假若你負責政府銀行的業務，裡頭會有許多年紀較大的使用者，可不可以告訴我，你會如何跟他們解釋何謂硬體？何謂軟體？」

當然，我可以直接用工程來解釋什麼是硬體、什麼是軟體，這看似乎是標準答案，但面試不像考試要求標準答案，你若是這麼回答，就可能出局了。

在思考要如何應答時，恰巧進行面試的會議室坐落在八德路的一角，從窗口望出去，正好瞄到台安醫院，於是我便靈機一動，「以正前方看到的醫院做為例子好了，台安的建築、設備、儀器這些硬又實在的東西，叫做『硬體』；至於什麼是『軟體』呢？醫院裡的護士、醫師需要動腦筋思考如何提供服務？如何來操縱這些硬體，進而產生創造出價值的，就是『軟體』。所以，對一位不是很懂電腦的客戶，我會這麼跟他介紹。」

事後回想，當時的回答還挺有道理的，雖然是臨場發揮的結果，但這就是講故事的能力。是不是百分之百切題，不敢保證，但卻代表了這個人具備旁徵博引、聯想的能力，甚至整合的能力。說穿了，這也是一個ＩＱ與

EQ的測試，讓面試者知道儘管你不具備銷售背景，但講故事能力證明你有機會成為一個好的業務。當然，這其中還有其他很多特質需要測試。

「今天不管你身處在哪一個位置，培養講故事的能力是很重要的。」

講故事的能力要因時制宜，剛畢業時你希望對方怎麼看你？工作三到四年後，別人又該怎麼看待？倘若今天你已在職場打滾十多年了，你的經歷又是怎樣的一段故事？你該如何讓對方確信自己就是他們所要的人才？

假設今天你半年就換一次工作，可能連贏得一個面試的機會都沒有。人的職涯拉長來看是一條時間軸，不同時間該呈現出不同經歷與面向，這些點滴過程都是需要累積的，因為在不同階段都有可能會遇到生涯轉換，也會遇到面試的機會，在當前的社會，要在同一個工作崗位從畢業做到終老，實在不多見。因此，要設法在每一段歷程都有好的故事能分享，創造好的reference check（資歷查核），這樣你的機會自然會比別人還要來得多。

其實，面試的技巧沒有一招可以行遍江湖，但我所說的講故事的能力，卻是很多地方都能派上用場。

## 善用新的求職工具及網絡

早期，微軟會舉辦學生實習計畫，每一年大概招募一百多個人進來，對微軟而言，是規模很大的一個計畫。曾經有一年，報名人數多達三千多人，由於這個計畫是公益性質，因此並不會只開放給名校學生，反而刻意讓不同科系的學生參與，甚至男女比例都有調配。由於人數眾多，要分層篩選，到了後面泰半應徵者還會用影音的方式製作履歷。

當影音變成履歷時，學校、科系、成績單就不是篩選的重點，創意及臨場表現，反而考驗應徵者如何在簡短的三分鐘以內說服對方你就是他們所要找的人！

影音是完全不同於紙本甚至文件的傳播媒介，在傳達的過程中，我覺得熱情是絕對要具備的，若只是平鋪直敘地站著，把稿子唸一遍，除非當中有什麼驚人之語，要不然你的熱情應該表現在聲調、表情和內容結構上。

另外，就是aspiration（強烈的企圖心），你的抱負是什麼？你是不是一個team player（具備團隊合作精神的人），這也是平常一般形式的面試會談到的，這些是基本功。至於你是不是ＩＱ、ＥＱ夠平衡的人？你又要怎麼展現leadership（領導力）？通常具備passion（熱情）、aspiration（強烈的企圖心）、team player（團隊合作精神）等特質，又有好的track record（工作經歷及名聲）及說故事的能力，脫穎而出的機率就特別高。

而除了影音這個新履歷媒介外，另外還有專業的社群工具可以經營和運用。以微軟收購的 LinkedIn 為例，它目前已在全球擁有超過四億的註冊用戶，成為職業社交網路的最大平台。使用者透過使用 LinkedIn 的服務來加強職場中人與人之間的聯繫，同時也利用它招聘新人。因此相較於臉書是社群社交的入口，LinkedIn 則是職場社交的重要工具。

倘若你真的想要好好經營自己，在社群裡，就要活躍，並且要花時間融入其中，讓人家能夠看到你想呈現的你。總之，不管是怎麼樣的社交工具，LinkedIn 也好、Facebook 也好、微博也罷，有心經營最重要。

## 凡走過必留痕跡，一定要愛惜羽毛

但是，水能載舟亦能覆舟，千萬別濫用社群媒體，尤其是年輕人。很多人喜歡在 Facebook 上吐槽、抱怨，甚至把它當成尋求慰藉和發洩的地方，可是你怎麼知道你的朋友的朋友，其實非常有可能是你老闆的朋友，那些負面的評論不僅會把自己的形象弄壞不說，有時還會成為 reference check（資歷查核）的負面資訊，這種案例我看過也聽過太多。

「凡走過必留下痕跡」，面試只是一個查證過程，而我個人最相信的事也是"reference check"（資歷查核）。

儘管我現在面試的機會變少，通常要中階主管以上的職務才會和我進行面談，但是每一個職務召募我都會親自批閱，而一定會問的是：「reference check（資歷查核）的結果如何？」我認為應徵者所提供的兩位 reference check（資歷查核）不算數，反而會另外想辦法去尋求其他管道的說法，有時候的確會找不到，但大部分都是找得到的，因為台灣真的不大；除非今天你立志要當個體戶，否則愛惜羽毛是非常非常重要的一件事，千萬不要輕忽它。

## 經歷的累積絕對勝過亮眼的學歷

現今，我們所身處的社會是一個講求學歷的社會，也許有些年輕人不免會擔憂自己的學歷不如人又該怎麼找到好工作？

的確，學歷通常是剛畢業的年輕人的第一張門卡，很多人過不了這一關也是事實。但是在我的工作歷程中所任用的人，說真的，像台清交大這樣學歷的人並不是絕對多數，後來真正在職場活躍的，反而是來自淡江、中原大學等學校。台灣微軟的歷屆總經理之中，我的前任老闆是淡江畢業，再之前的一位老闆則是中原畢業，再往前的范老闆雖是台大電機出身，但他的老闆也是中原。細數歷任老闆，最多的是中原，第二才是淡江，至於台清交則只有兩個。

你的第一張門票也許真的不如人，競爭力比較差，但也只能認了，因為這是無法改變的事實。可是就如同我前面所說，職涯是一條時間軸，在這個過程裡，你可以逐步累積你的經歷，也許你一畢業時無法一下子就找到最想從事的工作，但是到了下一個人生階段，之前所積累的一切，就有可能幫助跳到希冀之地。當然，每個人的情況都不盡相同，也許是兩到三年、三到五年，甚至十年都有可能。

相較我們這一代，現在的年輕人有更寬廣的空間去突破既有的框架，發揮自己的創意。但無論時代怎麼轉變，不管面試也好、職場應對進退也好，我認為態度很重要，一定要注重細節，知己知彼，才能在競爭激烈的工作舞台上佔有一席之地！

# 大將之風

孟子有一句話：「望之不似人君，就之而不見所畏焉。」這是孟子見到梁襄王後，陳述他對梁襄王的印象：遠遠望上去不像一個國君的樣子，走近了看，也沒有什麼令人敬畏的地方。

這其實是一個相當負面的評價，若是形容一個地位相當重要的人物，就等於暗喻此人不是那個材料，這人大概是一個上不了檯面的阿斗。

而形塑你自己、展現你的"executive presence"，姑且稱為「大將之風」之所以重要，因為這是讓人能夠看到你的關鍵。在職場上，很多人也許有著堪稱完美的學歷、豐富的專業知識，卻一直處於弱勢地位，甚至無法讓管理者和部屬相信他的能力，大嘆懷才不遇。

因此，除了自己本身的能力之外，要讓別人留下深刻印象，就該具備這種大將之風，它並非天生養成，而是可以學習的行為。無論你的個性是溫良恭儉讓或是花蝴蝶，都可以掌握下列訣竅，表現出你的大將之風。

## 塑造別人對你的觀感，掌握溝通技巧

"present"這個字很有意思，代表要如何讓人看待你這個人，當中隱藏許多的細節。雖然沒有一個準則可以放諸四海皆準，但是有些基本原則卻是共通的，所以，要建立出大將之風，首先，第一件事就是要 identify your audience（辨別受眾）及 scenarios（情境場合）。

在不同的場景，需要有不同的 presentation（陳述、展演）方式，尤其在外商文化裡，"drive your conversation"（主導對話）很重要。為什麼用"drive"這個字呢？就像開車一樣，由你來掌控；也就是說，別人對你的觀感，基本上就是由你怎麼塑造而定。

那麼，要怎麼 drive 呢？答案很簡單——“frame your story”，也就是預先架構你的故事，所謂的「架構」並非限制、框起來，而是假設今天你要進行一個簡報，你必先要有一個清楚的邏輯脈絡，像是：”Ladies and gentlemen⊠I am super excited to be here, today I am going to walk you through XXX, and ...basically boil down to three points, number one XXXX, number two XXX...I am going to spend 15 minutes ...10 minutes on...5 minutes on conclusion.Let me start with...”（各位先生女士，今天在此我備感榮幸，透過這個機會我將分享×××，並分成三個重點，第一個重點為×××，第二個重點為×××……簡報的時間約為十五分鐘，其中十分鐘為×××，剩下的五分鐘作結。現在我就先開始……）

這就是”frame your story”，要分享的內容需要把它事先架構出來，並建立出一個 agenda（議程）讓人可以清楚理解及追隨你的脈絡，要不然你東跳西跳，別人也只能跟著跳來跳去，講了半天，卻發現是雞同鴨講。

拿開車來比喻，objection handling（異議處理）如同操縱方向盤，跟

parking question（把異議暫時擱置，移至後來處理，讓你可以聚焦在原本的重點上）也是非常重要的技巧，否則容易被別人曲解或是被牽著走，特別是當你的職位比較低階時，更要懂得掌握主控權及駕馭對話的技巧，當話題不幸被岔開時，還是可以透過技巧把重心再抓回來。例如，"Sophia,this is absolutely a great question, I have that in the later..., Let me put your question on the white board for now, will get back to you soon."，透過這樣的方式，就可以重新拉回掌控權，可別小看這個技巧。

## 依情境對象使用正確語言

另外，還是要視場景，使用正確的身體語言。舉個例子，在微軟舉辦上萬人的活動時，你常常會看到，無論是東方還是西方的領導階層，輪到他上台時（除了比爾．蓋茲跟現任CEO薩蒂亞．納德拉以外），都會以小跑步出場，這種具活力的方式出場，往往博得台下的歡呼及掌聲。

掌聲結束後，台上的人開始講話，你會發現他們多半會使用相同的開場白："I am super super super excited to be here!"，"super"這單字至少使用了兩個以上，不會只有一個，這就是微軟慣用的 language。

相較以前我在惠普、IBM工作，擔任較高層者才有講英語的需要，在微軟，從基層到高層，使用英文的機會皆非常地多，use the right language（使用正確詞彙）更要講求精準。舉另一個例子，當你同意一件事時，一般人多半會說："I agree"，但是在微軟常常講"absolutely"，當你使用這個字時，就代表大家是同一國的，如果不用 absolutely，你的熱情就不能被看到。這就是用詞的有趣之處，這個與每個公司的文化息息相關，若不懂使用這個用詞，就像少了通關密碼，代表你就不是這一國的人。

## 簡明扼要、適時停頓，增加建設性用語

東方人其實最容易犯一個錯誤，就是很怕對方不理解自己想要表達的訊

息，於是很容易長篇大論，東拉西扯了半天仍然講不到重點。但是在重要的場合，像是和主管開會，這樣做就是犯了大錯。即便是寫 email 也是如此，永遠不要忘了"starting with summary."（開頭簡明扼要、先列出重點。）

以前我有一個老闆，來微軟之前是摩托羅拉的亞洲區總裁，非常習慣用手機看 email。那個年代，手機的螢幕很小，導致他看 mail 通常只看前兩到三行，沒興趣、內容沒重點就直接刪除，因此，寫給他的 email 若不在短短三行內把事情交代清楚、吸引注意力，便很難得到他的青睞。

所以，最好的解決方法就是 bullet points（列出重點），並且養成習慣，同時用字要簡潔，這個是需要訓練的，沒有捷徑，必須不斷地看老外高官們怎麼寫、怎麼用。

就像制定目標看似一件簡單的事情，但是如果上升到技術的層面，則必須掌握SMART原則。所謂SMART原則，即必須是Specific（具體的）、Measurable（可衡量的）、Attainable（可以達成的）、Relevent（目標之間有相關性）及Time-based（有明確的截止期限），所以無論是簡報及書寫email，這些原則也適用。

另外，在做簡報的時候，有一個很重要的技巧，但往往也是最少被使用的一種“pause”（停頓）。”pause”（停頓）的重要性，大家很容易忘了，千萬不要認為pause（停頓）會洩漏自己言語不夠流暢，造成扣分，其實它是最有利的武器。

很多人一開口就滔滔不絕，但講完的時候，常常讓聽眾不知道剛才講了些什麼，這是因為人的感官，看比聽有效。尤其是有PowerPoint（簡報）在一旁播放的情況，若不適時停頓一下，聽眾的眼睛往往還停在簡報上，頭腦的CPU（中央處理器）運轉不夠快，沒能及時思考，導致聽不懂的情況發生。所以要懂得適時pause（停頓）外，想要引起注意也可使用pause（停頓），像是講到某一段落時突然停下來，有人原本正不專心地滑手機，反而會瞬間被驚醒，拉回注意力。

接下來，就是東方人最常犯的錯誤，除了喜歡落落長的開場白外，使用的詞彙也常常太過負面導向，聽起來就像抱怨，而不具有建設性。建設性與抱怨的語彙是不一樣的，透過簡潔的摘要，提出建議又有建設性的具體行動方案來取代抱怨的用語是非常重要的。

## 永遠都要做好事前準備

在微軟，每年一月中旬都有一個重大的 Mid-Year business review（年中業務考核），它也是攸關區域總經理的生死判決，在那個場合裡，要接受從全球營運長帶領的五十幾個總部高階主管業績考核，必須做全面的業務準備與分析，並進行事前猜題。否則，上萬個的業務及業績數字是很難透過臨場反應就搞得清楚的，尤其又是在一個非使用自己母語的國度。最好的方式就是跟我一樣做苦工，事前猜題、寫下來變成 script（劇本），多練習幾次，把它背到滾瓜爛熟，即便無法出口成章，也可以透過練習達到報告流暢的狀態。

一般而言，很具體的問題，像是去年業績怎樣？第一季表現如何？年成長多少？是比較容易準備及回答的。但是，常常被考倒的，往往不是如此具體的提問，而是像是"How about Taiwan？（台灣的情況如何？） What happened with Q4?（第四季出了什麼問題？） Hey, why you screwed up, Tell me about it?"（為什麼搞砸了？可以談談嗎？）這一類無邊無際、若無事先準備乍聽之下根本回答不出的問題，我曾因此吃過大虧，被問到這類非具體的問題。

一九九八年，Mid-Year business review（年中業務考核）在東京舉行，那時候我並非台灣區總經理，當時主要負責技術的團隊。由於技術團隊功能十分複雜，於是我事前做了很多的準備及猜題，個性傳統的我就好像牛一般地勤奮認真，把所有複雜的數字，仔仔細細做成 excel 表，嚴陣之待。

將近四個鐘頭的檢核過程，都是針對業務及產品，Services（技術服務團隊）完全沒被問到，原本緊張備戰的我開始精神渙散，甚至分起心來看 email，沒想到就在 review 快要結束的時候，那時的亞洲區總裁 Michael 突然冒出了一句話："How about services?"（技術服務團隊表現如何？）

我一向最怕的就是"How about..."這一類沒頭沒腦、無邊無際地提問，加上當時沒專心，聽到這句話自然反應不過來，當時坐在我身旁負責大型業務的老朋友還用台語「點」醒我：「問到你了啦！」

只剩不到五分鐘就要結束，偏偏那短短的五分鐘裡，我的腦海就是一片空白，想不出要回答什麼，情急之下，我竟然脫口說出一個很「笨」的回答："How much time do I have?"（我有多少時間？）

當時腦中想的是我負責好多不同的團隊，包括 technical services（技術服務）、consultant（顧問服務）、call center（客服中心）、customer satisfaction（顧客滿意度）……同時間一百多個數字在我腦海裡打轉，不知該從何講起。亂了章法的我猛然迸出那句話，只見現場一片靜默，眾人心想：「Davis 怎會這樣回答？之後是要如何再接下去？」

我當下的應答把場面弄得很僵，高層只好快速跳過我作結束。回到台灣後，當時的老闆，回國第一句話就對我說：「Davis 啊，Michael 問我：”What happened with Davis?”」這句話講難聽一點就是暗示：「你怎麼會找這種人啊？」

這個事件之後，我整整黑了一年，一直努力到隔年，因為表現不錯才得以翻身。

這其實是一門課，如果不是我的老闆夠挺我，我可能就走入微軟歷史了。

至於針對像”How about Services…”範圍這麼廣問題要怎麼準備？首先，要看你講話的對象是誰。好比說 Michael 是亞洲區總裁，當他詢問：”How about services?“時，並不是在關心細節，而是「問題」本身。他要你給他一個簡短清楚的 view，換句話說，你要了解背後的來龍去脈。

以那次大會為例，我沒有一開始就被 review（檢核），是因為當年 Services 的整體表現不錯，所以他在結束前給我一個面子，詢問一下，算是拍頭獎勵，表示他的關注。

這些經驗都是過往吃了不少虧後才學會，並且深深理解到的寶貴道理。

當時也沒有人傳授我這些秘訣，所幸後來我遇到一位澳洲人，那時他是全亞洲區技術服務的總經理。在一次當面的一對一機會，他跟我分享自己以前的經驗，由於他曾在美國跟澳洲工作過，相當了解如何掌握西方人開會的要點及節奏。從他身上，我學習了不少，之後我又融會貫通、不斷練習，進而掌握了更多要點。

因此，要減少在重要場合犯錯的機會，你最好先乖乖根據場景及對象想好及寫好腳本，舉例來說，上述的情況，當時其實只要做約莫十五秒簡短有力的回答，像是："Michael, we had a great year, couple points, number one, overall we are on track, we beat budget by 20%, number two, our customer satisfaction are record high, number three…."（Michael,我們有此佳績歸功幾點：第一點，整體表現良好，業績超越目標20％、第二點顧客滿意度創新高、第三點……）如此回答，就可以輕鬆過關。

而倘若你是剛接手一個業績表現很差的團隊，而老闆問你怎麼改善，"you are absolutely right, we screwed up. Basically boil down to three things, number one we have lots of people issue and some of them crossed the line, we have to fix it as soon as possible...my promise to you that I will fix this in the next three months and update you weekly."（您是對的，我們搞砸了。基本上會造成這情況有三件事，第一件事為×××，第二件事為×××……我們會盡快在三個月內解決問題，並每週回報您相關細節。）

這就是language（用詞）的技巧，也是個人形象、品牌的展現。換言之，回答要有建設性，也要有具體的行動及建議。當然，最重要的是，一開始承認我們的確搞砸了，使用"boil down"，字面上是表示把水煮乾，但其深層的涵意卻在於知道問題在哪裡，勇於改變，並在接下來三個月付諸行動並定期回報等等。

## 對自己有自信

溝通的重點不只在於你說什麼，而是你怎麼說，那是你自己可以調整與掌握的。

你的用字遣詞、語調抑揚頓挫、口齒清晰度、說話風格，甚至肢體語言，都決定了對方能聽到什麼，吸收多少，以及他們對你的整體印象。至於做法，在於要作好自我心理建設，Be confident（有自信），因為沒有人比你更了解自己的業務及簡報內容。

## 每一個重要場合都要努力建立個人品牌形象（create a personal branding）

這裡穿插一個小故事，發生在我參加一個全球領導團隊年度計畫大會的時候。由於微軟是每一年的七月開始新的年度，每年全球的資深經理人都趁此聚集一堂，同步制定下一年度的公司方向。

當時的微軟前任COO叫Kevin，由於台灣的表現優異，他對我很有印象，每次在走道上看到我，都會熱情地喊："Davis, how's going?"（Davis, 最近如何？）

有一回趁著中場休息我跑去上洗手間，沒想到他就站在我隔壁，正覺得有些尷尬時，他又寒暄："Davis, how's going?" 其實，對老外而言，how's going? 是再普通也不過的招呼語，但那個場合卻是極重要的時刻，掌握得好的話，你就能把最關鍵的訊息適時表達出來。

"good, pretty good." 由於上洗手間不太能分神，通常就只好胡扯一通。雖說這不是正式場合，但這短短的十五秒，也有可能是讓他加深對你印象的機會。講這個例子就是要提醒大家，在不同的場合、不同的對象，你要有不同的 pitch（推介的用詞）。

就像經過那次事件後，我便學了一課，下次若再遇到他，我就會準備不同長度的應答。在微軟流傳一個故事，若是有一天你在電梯裡面碰到比爾．蓋茲，你的 elevator message 是什麼？想要讓他印象深刻，你該講些什麼？

所以事先準備三十秒、六十秒、一百二十秒 pitch（推介用詞）只是一個針對不同場景的例子，不見得剛好如此。尤其是當你使用的是不擅長的語言時，更要準備不同長度版本的應答，把它寫下來、背起來，重複地練習。練習的時候，不妨把你的稿子蓋起來，看看自己是否能夠應答如流，並依不同的情境拉長或縮短。

在職場越往上走，高手如雲，隨時都有不同層次的角力，很多場合都必須隨時保持警戒狀態，特別是在各級主管都在的場合，每一次的出席表現都可能影響你未來的發展及機遇。

## 永保正能量將心法內化為習慣

"Avoid stating the obvious." 這句話是我一位德國老闆的名言，一開始我還不太明白它的涵義。後來才知道，有一回我安排旗下一位績效表現最好，同時也是具備潛力晉升的副總經理，與這位老闆進行面對面的會談。

沒想到，會談結束後，他跟我說："He is stating the obvious." 這句話的意思是當老闆問他問題時，這位經理只回答一些很淺層的見解，再仔細往下問，追不到兩層就出局了。直白些說，這位經理的表現就是在ＢＳ（胡扯），客氣一點的說法則是 stating the obvious。

當你在開會或是進行簡報的場合，一定要想辦法避免這樣的情況發生，同時，只要是寫在 email 上的任何事情，都要有 ”deep insights”（深層見解）不怕被往下追，證明自己是有料的。

## Winners v.s. Losers

”Be positive. Be a winner.“ 這個概念與最近許多公司強調的 ”Growth Mindset”（成長心態）道理是相通的。而什麼是 ”Growth Mindset” ？史丹福大學心理學教授 Carol Dweck《心態致勝（Mindset: The New Psychology of Success）》一書中將「the growth mindset（成長心態）」作一番解釋，意指相信自己和能力本身可以經由努力改變和塑造的彈性思維。

換句話說，擁有成長心態的人會認為能力是可以後天培養的，所以遇到挫敗時，反而能夠從中學習、成長，這是態度的問題，就像在台灣時，每一次在全體員工會議的最後，我都會加入這張簡報"Winner v.s. Loser"，激發大家的正能量。

我以前在ＩＢＭ有位主管，他的桌上放了一個木刻裝飾品，上頭寫著："Winner v.s. Loser"，我把它拓印下來，放在桌子的正後方做為自我激勵，並警惕自己："Winner always has a program. Loser always has an excuse."我告訴自己不管發生任何問題都要想到解決方法，要當個winner，而不是一遇問題就哎哎叫的loser。

最後看似最簡單但卻是最重要的一點，要想辦法讓它成為一種ritual（儀式）。就是將上述"winner behavior"變成習慣，如孔子所說的「學而時習之」，進而內化成自己的一部分，之後就會自然而然地跟隨著你，甚至成為一種反射作用。

雖然很多人說領袖能力是與生俱來，但是藉由後天的練習再加上專業的指導，你能培養脫穎而出的特質，在蛻變中展現大將之風。

# 打破語言的關卡

在我成長的那個年代，剛畢業的年輕人對於在外商工作總是懷抱著憧憬之心，覺得他們薪水棒、工作環境好、福利佳。然而，想要踏入外商，語言能力就成了第一道關卡。

台灣人之所以對於講英語卻步，往往是心理障礙大於實力不足；直白地說，就是缺乏自信。這背後往往有兩個原因：一個是太在乎對方的眼光，擔心說錯會被笑；另一個則是太要求完美，非要準備到百分百才肯開口。這是一般人的通病，於是在講話的時候，由於過分糾結在說的文法對不對，導致表情顯得拘謹不自然，而少了個人談吐的風采與魅力。

我在大學畢業後輾轉進入惠普工作，改變了我原先出國留學的計畫；

一九九五年加入台灣微軟，從產品經理一路升到總經理，跟老外開會就成了家常便飯。

不過，我開始意識到語言的重要性，時間得要回溯到當兵時期。前面提到我的大學生活很混，能順利畢業可算是不幸中的大幸，在服兵役的兩年期間，我還順利通過預官考試，當排長帶兵，除了日常操練就是進行兵棋推演專案，說累也不過是體能上的訓練，說涼卻也算不太閒。但某一天，我的腦海中卻突然浮現了一個想法：「退伍後，我的實力足以跟別人競爭嗎？」一頓時感到心慌，擔心自己大學時代學得不夠扎實，退伍後競爭力不夠。這個念頭也引發了我的內在焦慮。

所幸當兵時，我很幸運地通過一個簡單的面試，被徵選上電腦官，擔任兵棋推演專案，當時共徵選十個電腦官，我是其中之一。進去後，我很快發現除了我之外，其他人都有兩把刷子。

還記得當初被要求要寫 COBOL，這是普通商用電腦語言，而我是唸電機系的，但學校並沒有教 COBOL 這門課程。長官問我會不會寫 Assembly？一聽到 Assembly（組合語言），大學四年我幾乎沒有自己寫過程式，滿頭霧水，只能傻愣愣地站在那邊，非常丟臉。

或許是蒙幸運之神眷顧，專案開始進行的前幾個月，上層對於要做什麼內容有些舉棋不定，整天沒事幹的我就意外地多出了不少時間。於是，我便趁每週三的外出假去逛書店，一本本地買回來看，比唸大學時不知認真了多少倍。在那段期間，我把 Assembly、MACHINE CODE 等技術通通都學會了，覺得很有成就感！

這個計畫結束後，我再度被調回部隊帶阿兵哥，又開始認真讀起英文，因為覺得大學四年中浪費了不少時間，打算退伍後出國念書漂白一下。那時我買了《李寶玉基礎英文會話》，重複聽著錄音帶來練習聽力。每天晚上十點當阿兵哥就寢後，我便開始背單字，一直讀到十一點半才上床休息；早上則是五點就起床，趁著早點名前努力 K 英文。

由於出操不能隨身攜帶單字本，我就把單字一個個寫在單字卡上，利用休息時間，把兵帶開後，坐在大樹下反覆背誦。那些學校沒教、但未來在職場上可能用得到的英文會話，我也一字一句地記在心裡。直到現在，我還是有將片語單字寫在單字卡上的習慣。

我的英文就是這樣日復一日、用土法煉鋼練出來的，一直重複又重複地練習，直到能夠背起來為止。這個方法雖笨，對我卻十分有用，也因此累積了扎實的英文會話能力。所以，了解自己的個性，找到適合自己的學習方式，是非常重要的。

幾十年下來，我可以在工作場合與外國人用英語流利地對話、討論事情甚至談判，回想起來，真的是當年「巧學不如癡練」的成果。對我來說，培養英文實力永遠是現在進行式，到現在我每天還是會利用交通時間聽CNN新聞，不斷地聽、重複地聽，過去遇到不會的單字就立即記錄下來的一疊字卡，至今仍舊在我的辦公室裡，時時提醒著我，「一日學一日功，一日不學十日空。」這有點像武俠小說裡的練內功，不斷重複練到爐火純青，它也會一輩子跟著你。一旦要使用時，即可信手捻來。

舉個例子，二〇〇九年，一代巨星Michael Jackson因服藥過量在家過世，當時CNN記者講了一句話來形容他的殞落：”Simply like a sad slow trainwreck.”意指Michael Jackson後面幾年的人生悲劇，如同無法煞車的火車事故，緩慢又哀傷地形成一場災難。這句話不僅擊中我的心坎，還傳遞出很深、很無奈的意涵。而有一天當需要時你能夠引用這句話，自然會讓老外對你的英文功力刮目相看，進而留下深刻印象。這其實也是苦記英文單字所累積出的實力。

## 語言技巧替你的能力加分

就我看來，台灣人的資質相當好，不過在表達能力上經常略遜一籌。一旦進入了外商公司的舞台，就會知道要勇於表達自己的想法，而且還要用英文講才行。

如果能夠打破「太在意面子」與「害怕講錯」這兩個魔咒，再加上適當的語言技巧，那就更如虎添翼。

在工作場合，有時候碰到沒辦法馬上反應的問題，我通常會先丟出個「擋箭牌」說："Well, I think I can put this to couple points..."這句話的好處是，可以爭取一點時間思考，又不會過分顯露緊張。接下來，如果對方露出感興趣的表情，再繼續說："This boils down to 3 points..."雖然這幾句話基本上都是「廢文」，沒有實質訊息，但是能藉著這個片刻，稍微整理一下腦中的答案；千萬不要什麼都不說，因為不表達，別人以為你沒想法，很容易從此不再重視你的意見。尤其參加全球會議時，和其他各國人才競爭，英語不只要講到別人聽得懂，用字遣詞都要相當精準，才不會造成誤解。

當我的位階慢慢提高後，我就開始逼迫自己必須更融入國際舞台。之前擔任台灣微軟總經理時，每年一月，世界各地區的總經理都要飛到美國西雅圖總部接受績效評估，你的工作表現就像剝洋蔥一樣，會被一層一層地被檢視。

每次當我參與全球微軟的跨國會議，最大感慨就是每個國家的經理人無不卯足全力，積極地表現自己，反觀台灣人，都是自己關起門來講話、不要理我最好，也因此容易吃虧。明明我們有十分的能力，因為不懂得表達，實力因而會被低估成只有六、七分，實在令人惋惜。

有了英語表達力仍然不夠，還要擊敗第二個心理障礙，其實也是最難的部分，很多人以為講英語只需要「說」，卻忽略讓對方聽懂的表達邏輯，這牽涉到文化理解度。文化絕對是溝通有效的一部分，而語言要達到某個水平以上，重要的詞彙都要能充分理解、不能以偏概全，不然怎麼進行溝通呢？

我在北京的領導團隊，只有我一個台灣人，除此之外，其他幾位不是native speaker（以英文為母語），就是講起英語來接近 native speaker（以英文為母語）的程度。有趣的是，儘管我們身處中國，大家仍用英語溝通。每週五下午，我們有個兩個鐘頭的例行策略會議，由於其他幾位同事不僅年齡相仿，還有一些工作外的共同興趣，像是談論足球運動、電影等話題，常在會議中談笑風生，對我而言，卻是身處十里霧外，十分辛苦。甚至有時他們所說的內容，早在之前便私下討論過了，我自然更是霧煞煞，遑論了解他們話裡的弦外之音。

遇到這樣的情況，該怎麼辦？老實講，只能勤能補拙地努力參與、不恥下問。散會之後，我會找一兩個能夠信任的同事詢問，多試幾次以後，便會了解他們講話的習慣，慢慢抓到脈絡與融入其中的訣竅。就算英文能夠暢談無阻，文化的 insights（洞察力）仍是超越語言的，所以一定要把功夫練好，有了基本架式，面對挑戰的時候就會比較輕鬆。

不管你的語言能耐好或不好，充分準備都是必要的。

有時候參加考核會議，我會請事業群主管不要列印出 script（手稿），也不要看電腦螢幕，離開位置，直接講給我聽。如果沒有辦法練習到這樣的地步，那就請他寫下來，照著 script（手稿）念。這麼做的原因，就是希望大家能夠事前做好準備，因為就算你的報告內容是用中文講，也不見得能夠講得很完整及流暢，更何況是講英文，還會打了六、七折。準備到最後，再怎麼不行，寫下來照著唸總可以吧！台灣人用寫的絕對會比用講來得好，無論如何，用心充分準備是第一要務。

早期在惠普跟ＩＢＭ的時候，由於位階低，對於這方面並沒什麼特別感受，但在微軟前幾年，感受就十分深刻，因為那時候台灣微軟的員工很少，組織相對扁平，每個人都得直接跟老外接觸。

在微軟這麼多年，我受過很多挫折，尤其晉升到高階後，更常要面對crucial conversation（關鍵性對話），也曾因此被羞辱過，但這些經驗卻讓我成長不少。重點是當你活下來了，就會進步很快。我運氣不錯，每次活下來時就會開始思考自己為什麼會受傷？問題癥結是出在哪裡？慢慢地，我養成了一些工作習慣，就跟開車一樣，剛上路時難免有小碰撞，只要不是整台車被撞毀掉，就會越開越熟練，知道怎樣才能趨吉避凶。在職場上也是一樣的道理，也就是所謂的"immersion"（浸洗），充分投入，你才會懂得改變，才會有質變。

平心而論，經驗很重要，真的學習到箇中訣竅得要花上很長的時間，並且還可能吃很多的虧。學校不會教這些職場潛規則，大抵只會說英語有多重要，學好英語就能踏出世界。其實要打破語言的關卡，並不是只有語言能力而已，裡頭還有很多眉眉角角，是需要學習的。在每一家企業裡面都有不同面向的歷練，只是歷練的方式不一樣，如果你能夠在年輕的時候遇到願意教導你的良師，讓你有機會訓練自己，是非常幸運的。

# 意志力及能量訓練

「有了堅定的意志，就等於給雙腳添了一對翅膀。」這是美國球王比利（Edison Arantes do Nascimento）的名言，這句話對於工作人其實也是適用的。而講到意志力，我想先跟大家分享一個有趣的故事。

## 意志力是推動自己往前的力量

一九九一年，我在IBM做業務的時候，頂頭上司叫S.S君，是有名的「7-ELEVEN」，每天早上七點來公司上班，十一點下班。而他的作風則是承襲已退休的IBM前總裁。

剛進入IBM沒多久我就碰上公司召開事業夥伴年度大會，這是個相當重要的盛事。當天在ＳＯＧＯ大廳聚集了一千多人，為了提振士氣、展現氣勢，現場還擺了一整排的大鼓，一級主管全部都上台擊鼓，對於初來乍到的我來說，這個陣仗真的很驚人。

我的上司Ｓ.Ｓ君負責國內幾家大銀行的業務，包括公營銀行、三商銀等。在那時候能夠負責大銀行是非常了不起的，因為那是ＩＢＭ的大客戶，也是生意命脈，業務佔了ＩＢＭ五成以上。輪到他上台時，他分享自己做業務最重要的心法之一，就是要有意志力。

坐在台下的我愣了一下，「意志力」這三個字我懂，但究竟是什麼意思呢？接著他就舉了一個例子。

Ｓ.Ｓ君畢業於文化大學，在求學時代，他常得搭公車上山到學校。有一回公車行駛到半途，陽明山突然下起滂沱大雨，沒帶傘的他心想：「我就不相信沒帶傘，會被雨淋濕！」於是他就啟動「意志力」，一路上默唸加持，大雨果真在他下車的時候，停了。

他講完這個故事，台下不少人竊笑，「這是哪門子的範例啊！」但是我第一次發現原來「意志力」是可以這樣被解釋的。

自從那次他發表了「意志力」事件後，不但整個業務團隊的標語就是「意志力」，大家講話時也是三句不離「意志力」，好像什麼事行不通就是意志力不夠，不管遇到大大小小的困難，有意志力就對了！搞到後來，我們碰到他，都會故意地朝著他喊：「意志力！」

他也要我們在心中默想：「會贏、會贏、會贏」。特別是當時政府的案子都是標案，他口中的「意志力」似乎很能夠派上用場。把「念力」解釋成「意志力」，看似是玩笑，但他本身真的是身體力行，每天持續不間斷。

此外，他的做事方式也獨樹一幟。通常在白天，辦公室裡不會出現業務代表的蹤影，傍晚七點以後才會陸續回來，這是他的要求。一到了晚上七點，他就會開始對著鬧烘烘的辦公室喊話：「某某某，進來一下。」

每個人約莫進行半個小時的談話後，再換下一個人，等到全部人會談結束，差不多是晚上十一點，然後他才下班。

不過，我認為意志力因人而異。在不少人的第一印象中，我看似行事堅持、要求完美，這也是我天生的個性，自我要求到有點強迫行為的地步了。好比說，過去幾年微軟推出平衡計分卡（Balanced Scorecard，簡稱BSC）解決方案，將績效表現量化，台灣微軟連續好幾年不是全球第一、就是第二，這或許跟我追求完美的個性及意志力脫不了關係。

一直以來，我很喜歡"tenacity"這個單字，代表「韌性」之意；相較於"resilience"，這個單字很少被使用。所謂的「韌性」就是當你遇到困難的時候，你的回復力好不好？抗壓性高不高？耐不耐「磨」？能不能忍受一時的不如意？及能不能擁有自我鞭策、療癒、回復的能力？"grit"是近來很流行的一個字，它的原意是「磨石子、砂礫」，意思也是相近的。不過，我更認為意志力是一種堅持跟信念，尤其在職場上走跳，不如意之事時常八九，很多時候，如果沒有堅強的意志力支持自己走下去，其實是很容易感到挫折、沮喪的。

台灣傳統的家庭教育強調以和為貴，大人常會說「囡仔有耳無嘴」，惦惦聽就好，不要亂講話，就是為了要避免衝突，久而久之，人也就變得比較內向、保守。但在職場上若事事如此，要貫徹一件事就變得困難，反而更容易受環境左右，變得這個不敢做、那個也不敢做。因此，對我來說，想要成功地完成某件事，意志力絕對是推動自己往前進的力量，同時也是一項工作利器。

不過，光靠意志力還不夠，《孟子》離婁上篇提到：「徒善不足以為政，徒法不能以自行」，說明了再好的初衷和善念、再完備的法律制度，如果沒有堅定的實踐決心，缺乏貫徹到底的執行力，則終將走向失敗一途。

我很尊敬的工作前輩S. S君，便是人如其名，世界上只有一個太陽，他的名字裡卻有兩個，光是熱度就整整高了一倍，無論做什麼事情，他就是會把全部的力氣用盡，做到極限，絕對不放鬆，意志力堅強到無以復加的地步。然而，就算他有這麼堅強的意志力，如果沒能找到很強的業務願意跟他配合去執行，成功也是不會發生的。所以意志力結合執行力，才有機會成事。

## 有效的能量訓練能增強意志力

對我來說，意志力是一種心理能量（energy），沒有能量支撐，意志力是無法貫徹的。換句話說，有效的能量訓練能明顯增強意志力，意志力與能量訓練絕對是相輔相成，兩者結合一起，會產生大綜效。

一般眾所皆知的能量訓練，其對象多半是針對專業的運動員，事實上，在企業中奮鬥的員工，也可稱為是"corporate athletes"（企業運動員），所以也是需要能量訓練的。而能量訓練有四個層次，一是身體的（physical），二是情緒（emotional），三是心理上的（mental），第四就是最高層次，也就是精神上的（spiritual），它可說是你的人生理念、你的價值觀或是人生的目標。

從這四個層次來著手訓練自己，漸漸養成習慣後，你就能極大化你的能量，這對高階經理人來說，尤其重要：試想，一個高階經理人，承受了繁重的工作壓力及步調，不僅作息經常日夜顛倒，有時半夜還要進行 conference call（視訊會議），光有意志力，卻沒有充足的能量是很難支撐的，若不做能量訓練，保證絕對會受不了！所以，越是到了高階，就越要用這種習慣來鍛鍊自己。

## 藉由飲食控制，維持身體能量

首先，要訓練能量，先要了解我們的身體，有紀律地把血糖控制在一個「工作區間」，才能讓你的身體能量充分發揮。大家知道血糖會高高低低，血糖高低其實會影響腦筋的思緒與能量，也會影響表現力。

三鐵課堂裡有提到如何讓你的血糖維持在正常值，不要暴飲暴食，以免增加過度的脂肪，所以常有人講說吃飯吃個六分飽就好，這樣才不會讓血糖突然飆高。血糖一旦飆高，對身體會有很多負面影響。因此，我每一餐都故意只吃六分飽，餐跟餐中間吃一些點心，然後控制在一百五十卡路里以下，好讓血糖維持在正常操作區間，不會忽高忽低。

再以我自己為例，若是下午一點有會議，為了避免午餐後的血糖干擾，我在中午十二點前就會提前吃午餐，約莫六分飽，起身動一動後，將電腦關機，休息十幾分鐘就趕緊去上洗手間，然後跑下樓繞一圈，整個人就會變得非常有能量。

可別小看這十幾分鐘的休息時間，對我而言，它就像電腦重新開機一樣。當然每個人有自己重開機的方式，除了休息之外，我還有一個很老派的方法，就是每當感到很累的時候，我就會閉目養神，想辦法把腦筋全部都放空。其實放空沒那麼容易，是需要練習的。而通常在放空幾分鐘後，我就會不自覺地打呵欠，經過這個過程，只消十幾分鐘的時間，就會有一種神清氣爽的感覺，整個人煥然一新。

由於人的體力有限，藉由這樣的飲食控制，是善待身體的方式。維持血糖不忽高忽低，除了能夠儲備良好的體力外，還可以幫助你隨時衝刺！

## 保持正向思考，凝聚情緒能量

運動員不是只有體力要訓練，還有意志力、爆發力、如何堅持等面向需要訓練，企業運動員更是如此。所以第二層的能量訓練，在於「情緒」（emotional），也就是如何讓自己維持正向，讓能量不會分散；一旦心變得負面，能量就會跟著負面，所以要如何凝聚正向的能量，聚焦在行動上就顯得相形重要。

人在職場常常身不由己，不可能事事順心，難免也會有遇到挫折、難以貫徹自我意志的時候，這時就要懂得為自己打氣，來維持正向態度思考。同樣以我自己作例子，碰到挫折或處在高壓狀態時，為了減少負能量，我常常會把令自己煩惱的事情寫下來。當你寫下來、寫完的時候，你的負能量往往就會因此減少了一大半。這是一種整理思緒的方式，腦筋就不會充斥那些惱人事物。很有趣的是，我大部分寫下來的紙張都還留存著，有空時就會翻一翻，就會心有戚戚焉。

面對壓力，自我解嘲的能力及幽默感也是必備的。還記得有一年我因為工作太操勞，不僅累到發高燒，還狂瘦到六十一點五公斤，氣色非常差！當時長榮航空推出皇璽桂冠艙，找我拍攝平面廣告，於是我便開玩笑地說：「這樣剛好上鏡！」

## 專注聚焦，提升心理能量

第三個層級是「心理」（mental），所講的是如何「專注」。曾有人問過股神巴菲特和微軟創辦人比爾蓋茲的成功秘訣，兩人皆給了相同的答案：「專注」。

舉例來說，在工作上，我們常會打開電腦視窗，一邊回一封重要的郵件，又同時在寫一個計畫，一下使用 WeChat，一下又用 Line，十分忙碌，這樣的結果往往一封可以二十分鐘就完成的信件，反而拖了好幾個小時還未完成。若能排開其他事情，專注回覆信件，不僅二十分鐘內就能完成，就連能量也是大不相同的。所以，如何更加專注、如何用更少的時間、去做更多的事情，就是效率地提升。

## 信守信念，訓練精神能量

最後一個層級是「精神」（spiritual），簡單說，就是個人的人生價值觀或是信念；好比說，有人認為工作固然重要，但家庭仍是首要，也有人認為事業成功是絕對優先，這都是自己的價值觀及信念。

所以我們常會看到，有不少成功的企業家，在事業成功之際表示自己人生最大的遺憾，就是錯過孩子的成長。所以，若你的人生志願是不能完全缺席小孩的成長，每天七點要準時回家，為了達成這個目標，就要開始訓練你的意志，取得個人價值跟公司價值的平衡點，如此一來，你的能量就會最大化。換句話說，能量的四個層次加起來，當能量最大化時，你自然就是最優秀的 corporate athlete（企業運動員）。

能量訓練是門修煉，對年輕人來說，也許現階段還無法感受，然而當你年紀越大，你的體認會越深刻，因為能量會隨著年齡下滑，所以針對我這個年齡或四十五歲以上的 corporate athlete（企業運動員）而言，這真的是一項訓練，才有辦法走更長遠的路。

這幾年在北京，對於能量訓練的感受尤其深刻。身處在一個時時要衝刺的環境，第一件事就是要把自己的能量顧好，特別是體力不行時，精神能量更是絕對上不來的。

我再以自己講英文做為簡單的例子分享。過去在台灣，由於不是天天講，所以為了提升我的能量，我採用的方式其實聽起來有點好笑，也就是每一次有重要的外賓來訪時，那一天我一定會喝咖啡。

平常我是不喝咖啡的人，因為喝咖啡對我來說，有點像是在吃藥。而喝了咖啡後，我會像打了氣般，腦筋會突然變清楚，這就有點類似卡通人物大力水手卜派，吃菠菜增強力量的意味，咖啡就是我的菠菜。

神奇地，喝了咖啡後，我的英文就會突然變得流利、會突然變得aggressive（積極）；假設一整天都需要講英文，我則會早上一杯、下午一杯，一天兩杯咖啡，就能讓我衝刺。

去了北京後，受到環境的影響，變成天天要講英文。國際多元的工作環境，至少有來自九到十二個不同國家的主管，南腔北調都有，基本上一半以上的人，都具備native speaker（以英語為母語）的英文程度。處在這種環境，我實在沒有辦法天天喝兩杯咖啡應對挑戰，也無法天天充滿100％的能量去拚搏，能量自然是過度使用，每天都得透過意志力把能量提上來，並且要撐住。

至於這幾年來，我是如何去克服，主要依賴兩個層面：一個是精神層面，維持正向思考，同時也警惕自己不能丟台灣人的臉。再者則是靠能量訓練，尤其是身體方面的，除了要三不五時強迫自己去運動，把正能量引導出來，好讓自己能有充沛體力面對接踵而來的挑戰及壓力。

意志力就如同一個能量槽，使用它時水位就會降低，儲存時水位就會增加。因此，不妨隨時檢視自己的內在能量是否維持在滿水位的狀態。

# 適應及追求平衡

我出生於一九六〇年代，成長的背景跟年輕的朋友很不一樣。就像在「你有選擇」的章節提過的，當時的高中生選擇科系時的首要考量多半是「將來比較好找工作」，什麼夢想啊、興趣啊，只能排在現實之後。

也因為身處在「求生存」的時代氛圍下，我們這一代比較「認命」，即使不喜歡那個科系，還是會勉強自己把學業完成，再找一份和所學有關的工作。說起來不怕丟臉，我最短的工作經驗是七天，而且還是在一家很知名的研究單位，待到第三天就毅然決定離開。所以，我不斷強調，一開始找工作時不用強迫自己，但有個前提是，這些「try and error」（嘗試錯誤）的經驗最好在一年之內結束，如果一兩年之後仍是陷入這樣的惡性循環，接下來就麻煩了。

相信達爾文的物競天擇說「適者生存、不適者淘汰」，大家一定耳熟能詳，這也是職場的不滅定律，為了生存，就要努力去適應環境。

進入社會工作是人生的一個分野。簡單來說，我們在學校當學生時，先不論考試成績好壞是一回事，只要能夠畢業就好，甚至自我膨脹到最大也沒關係。但是當你踏入社會之後，面對截然不同的遊戲規則，在企業體制內，很難完全照自己所想的方向，這時會變成「大我最大化、自我最小化」。

很多剛畢業、初入社會的年輕人動不動就會抱怨說，受不了老闆、公司體制、同事。適應不了職場，有一個很大的癥結點在於沒弄清楚老師跟老闆的不同，老師的任務是「傳道、授業、解惑」，而老闆或主管是推動組織及管理，讓團隊可以順利解決問題，達成公司的各種目標。這時達成公司目標的優先次序是遠大過你個人的喜好和目的，這個「次序」很重要，然而初出社會的人卻常把這個「次序」搞反了，於是和老闆就很容易處不來。

有人說：「人生該怎麼走，follow your heart（跟隨你的心）」，絕大多數年輕人，心裡並沒有人生的 road map（未來職涯路徑）。很多年輕人看到別人的藍圖，像是讀了比爾・蓋茲或賈伯斯的傳記或經歷，就覺得自己也要變成那樣才行。事實上，在真實的世界裡，並不是每個人都能像比爾・蓋茲一樣大學輟學創業，最後成為世界首富。也不是每個人能夠像賈伯斯一樣具有前瞻眼光，設計出 iPhone 這項劃時代的產品。

## 找到自己的定位

適應有很多層面，簡單來分，一個是心理上的，另一個則是生理上的，端視你做什麼工作而定。心理層次，進一步解釋，就是你在心態上的自我定位。定位前如何找到「平衡」很重要，包含了你的能力是否能不能勝任？你的人際關係是不是讓你覺得很舒服……等等，這些主客觀環境都要達到平衡。

我認為在工作之中，學習 hard skills（硬實力）與人際關係之間的平衡是很重要的。倘若你要當一個好的工程師，必須以技術為本位，所以一開始hard skills（硬實力）很重要，但在解決工程問題以外，擁有解決人際關係問題這項軟實力，絕對是加分的。

所謂的「軟實力」，並非一成不變，它並沒有固定的套路與規則，必須因時、因地、因情境而制宜。

有人說，在職場上就是要有強烈企圖心，這並非放諸四海皆準。如果你處在特別講究資歷、倫理的地方，態度太激進，只會造成反效果，讓人覺得你過度張牙舞爪，這時「應對進退有節」可能比較好；也有人說，在職場上要保持謙卑心，可是如果你處在一個具高度競爭文化的企業裡，「溫良恭儉讓」這種特質又會顯得溫吞。除非你一輩子都只待在同一個地方、跟同一群人共事，否則，隨著歷練加深，勢必會面臨各種變化，當然，你的應對方式也要隨時進行調整。

我在微軟任職多年，歷經過好幾位來自不同國籍的上司，有台灣人、委內瑞拉人、香港人、德國人……現在則是法國人……除了文化背景迥異外，每一個老闆的個性也大不相同，跟員工相處的方式自然也不同。

跟台灣老闆共事，用一般台灣人陳述事情的邏輯或口氣對話是沒有太大問題的；但是有些人作風比較洋派，他們期待員工報告時直指核心，提出具建設性的解決方案，至於其他細節，根本不必陳述太多。如果你還是維持台灣人比較含蓄、迂迴的說話風格，老闆可能就會因此對你失去耐性，甚至直接打斷你的報告，更糟的是，他心裡給你的能力打了大折扣，非常冤枉。這是我的親身經驗談，我也是摸索許久才拿捏出恰當的分寸。

到了一個工作環境，要讓自己適應，一定得花上一段時間揣摩人情世故，才會覺得如魚得水，無入而不自得。我想告訴年輕人是：當環境變化，外界對你的期待也會跟著改變，如果你希望職涯路走得更順利，就必須培養更敏銳的觀察力與適應環境的彈性。說到這裡，你可能會問是否有更具體的方法可以分享，這些方法在後面的章節，都會有更「技術性」的分享。

## 試著找到「有點喜歡」的工作

很多人以為找工作就一定要「擇你所愛，做你所愛」，問題是世界上沒有所謂的絕對喜歡。能夠找到「有點喜歡」的工作，其實就很幸運了。而大多數人通常在職場做了幾年後，有一點經驗，對於自己在工作上的發展藍圖，也會漸漸有了清晰的輪廓。

一般來說，新鮮人踏入職場，三到五年會是一個轉捩點，根據統計，第三年又尤其危險，因為同一份工作做到第三年，倦怠感就出來了。我個人的經驗是，人總是會有變得不平衡的時候，怎樣找回那個平衡，其實還滿複雜的，跟當時的人事時地物有關係。

像我在HP擔任工程師第三年時，就開始思考是否該轉換跑道，改做業務。業務要承受的壓力很大，我能勝任嗎？結果到第三年的時候，雖然掙扎了一陣子，考量的結果還是先在原來的工作崗位做看看。到了第四年半時，改變的念頭又出來了，我又想一遍，然而真正驅動我採取行動的是我決定走出我的工程師舒適圈，甚至走出我所鍾愛的惠普科技，不要讓自己將來到了四十歲還在做類似的工作，去外面拚看看。

天下沒有白吃的午餐，所有的事情都是要付出代價的，一旦當你決定要採取行動的時候，就要做好付出代價的準備。接下來你可能要過上一段苦日子，必須耐得住並且願意熬熬看，將這樣的心態調整好，想好接下來的每一步要怎麼走。像是轉去做業務，發現自己不是做業務的料，還有轉圜餘地嗎？我仔細思考過也擔心過後，終於下了這個破釜沉舟的決心。

當你越年輕就越有本錢嘗試，年紀越大，機會成本自然就高。所以，當你決定轉職時，必須要懂得自我評估。當初為了決定是留在惠普繼續我舒適的工程師生活或是到ＩＢＭ接受做業務代表的挑戰，我還畫了一張手寫分析圖，弄了十幾個factors（因素）來進行評比，把現實的因素、個人特質做了一個誠實認真的評估，最後ＩＢＭ以一分勝出，於是我決定加入ＩＢＭ，從此改變了我的工作人生。

綜觀人的一生，就是會面臨很多很多抉擇，在每個十字路口，你都要進行選擇；到最後你真的萬分掙扎時，建議先把自己的未來職涯路徑想好。就像我選擇去ＩＢＭ當業務代表並非空穴來風，而是我發現幾乎所有當上總經理的人，他們都有做業務的經歷，假如我不去嘗試看看，若干年後，是不是會覺得心有不甘？也因為察覺自己具備了一些做業務的特質，就算不喜歡業務的業績壓力，我仍逼著自己作出這個決定。

事實上，在中國工作的這幾年，有著前所未有的壓力，累歸累，似乎也沒有什麼偉大的成就，但是能夠大江南北走一回，其實是值得的。當然，在這過程中，有太多風景，我是沒有時間停下來欣賞與感受的，就是一直在當過客，這也是我覺得有點遺憾的地方。但是，人生就是如此，你必須適應不同的環境、適應不同的生活，有人把工作與生活切割得很清楚，我並沒有，並把工作變成我的生活，這就是我的自我平衡點。

如果在年輕剛開始就業，一份工作覺得不對勁、不合適，相信自己就換吧？在成本最低的時候，要換就換，然後找到一個你覺得適性，也就是各方面合適自己的，你就熬著，但是要提醒的是，行業很重要，換行業等於從頭開始，生命其實沒有多少時間讓你一直重新來過。

## Be a beggar or be a chooser?

記得在國中英文裡，唸過一段話："Beggars can not be choosers."，那時課本裡的中文翻得很爛，把這句話翻成：「癩蛤蟆想吃天鵝肉」。若將這句話應用到職場上，講的其實就是一個「態度」問題。

假設你今天是一個年輕的低層員工，想求表現往上爬，你覺得你會是beggar？還是chooser？如果你認為自己還是beggar，那就不要挑東挑西，"always deliver unexpected"（表現超乎預期），這句話不僅重要，在英文裡同時也代表很高的評價。所以端視你人生在什麼樣的階段、在什麼樣的位置，選擇並不是壞事，要挑三揀四也不是壞事，但要先搞清楚你自己究竟是 beggar 還是 chooser。

這讓我想起鴻海集團副總裁呂先生，他是四位面試我進惠普的第二位面試官。當時呂先生在惠普擔任系統工程師經理，還記得他面試我的第一句話：”Do you think you are outstanding?”（你覺得你夠出色嗎？）說實話，那時候我並不太理解什麼是”outstanding”，於是我反問：”What do you mean by outstanding?” 呂先生回：”Outstanding means standing out.”（出眾）他這麼一說，我終於聽懂了。

其實，每一個人的天資聰明並沒有很大的差別，但要如何 outstanding（出色），卻有高下之分。你非常努力是一種 outstanding，deliver unexpected 也是 outstanding，甚至你願意吃點虧，你也會比別人更 outstanding，那你的選擇是什麼，你自己可以決定。所以要當一個 chooser，你要有 outstanding 的本錢，要不然就乖乖當一個 beggar，替自己累積出將來當 chooser 的實力。

## 「把頭削尖」的態度與決心

幾年前，我和微軟前三任總經理黃先生、范先生及楊先生一起打球。楊先生是台灣微軟及微軟大中華區早期的開山祖師，和黃先生一樣都擔任過微軟大中華區總裁的職務。這是當時的「時勢」，台灣微軟總經理的下一步就是扶搖直上大中華區總裁，這中間范先生反倒作了一個不一樣的決定。那個時候，我自己做總經理也做了五年了，我們就一邊打球、一邊聊天，剛好聊到我自己的職涯瓶頸，范先生跟我分享了他的想法。

「Davis，你就兩條路，要嘛像我這樣，急流勇退，不做了；要嘛在你既有的位置上繼續幹，如果你選擇在原位置繼續做，那就請你把頭削尖。」所謂的「把頭削尖」，就是如果真的立志要往上，就得要付出、就得要做很多不同的工作及接很多不同的任務，進而擊敗很多競爭者，一路爬上去。

而在越往上爬的歷程中，高手雲集，這時比的常常是經驗及耐力（或是抗壓力），越到上位，你就越不能犯錯，每走一步都得想得清清楚楚的，如履薄冰；一旦你先犯了錯，競爭者就會抓住機會上位了，所謂高手過招也就是如此。

當你到達了公司領導階層，幾乎所有的事情都不是由你直接親手來執行的，發號施令也更要謹慎。就連發一封 email，都要知道它的"tone and manner"（調性及角度，即對象是上司、同儕、下屬……）怎樣才是對的，怎麼樣架構、寫跟發才能達到你的目的，所以要把頭削尖了才能鑽，選擇鑽了就努力去做。

大部分的人能夠升上高位，多半是歷經千辛萬苦的努力才達到的，能夠好運到扶搖直上的其實是極端少數，祖上三代積德才有可能。

范先生給我的分享，對我而言非常受用，他說自己選擇退休後，頭先的第一個月很開心，因為很久沒有放那麼久的假了。然而假期終究是有終點的，他玩了一個月之後發現頓失重心。打電話給所有的前同事約打球。結果大部分的人不是在上班，就是沒空，完全找不到人。有好一陣子，他常被前同事開玩笑，因為太閒了只好坐在天母磺溪旁看魚逆流上游，但後來他也找到了自己的平衡點，擔任多家高科技企業的獨立董事，退而不休。

等到人生到我們這個階段、到這個年紀，想法一定也會跟年輕人不一樣，但我還是想要鼓勵年輕人，當你真的下定決心要往上爬，請充滿幹勁地走下去，沿路不是不能犯錯，而是要少犯錯。然而所有的成功絕非偶然，若「時也命也運也」根本不站在你這邊，就算努力個半死，也可能收穫不如預期，但至少你努力了，也對自己的人生有所交代。

生涯規劃並非一場盲目的賭局，「下好離手」就無法更改，在這條漫長的職涯路上還是有很多機會調整。然而，尋找生涯方向最好要趁早，特別是立定志向要往上往前衝的人，一定要先把頭削尖，頭削尖你就要付出，涉獵的方向也一定要夠全面性。在這本書談及的每一個能力不能缺少之外，每樣能力還都要大概達到八十分以上，其中一兩樣甚至要達到九十五、一百分才有贏面。所以頭要削尖，努力鑽營，並不是負面的意味，而是要藉由正面的鑽營替自己打開職場的康莊大道。

## 公司，不是公益團體

「人和」，始終是我從小媽媽給我的信念，我的個性很不喜歡衝突。不過，現代年輕人十分講求「自我」，看不順眼的就大聲吐槽，也常覺得自己就是正義的一方，舉凡任何不公不義的事，就要勇於聲張，可是，我最後想提醒的是，私生活上你大可很自我，但是到了工作領域，你得仔細估量你的行為舉止，公司並不是「公益團體」，很多人卻常常忽視。

很多員工，包含我自己在內，有時會「忘記」公司其實是有付薪水讓人來做事的，而每當我忘記時，我便會立即提醒自己：要閉嘴，並調整心態，因為公司有付我薪水。換句話說，公司付我們薪水來上班，裡面其實有一部分是叫我們「多做事，少說一些會造成麻煩的話。」

當然，現在時代不一樣，現在學生非常勇於去爭取或抗爭，在我的老觀念裡，抗爭沒什麼不可以，你絕對有權可以表達你的意見，但是請不要妨礙大多數的人。**尤其在工作領域，我建議你常常提醒自己，公司不是「公益團體」，他付你薪水，期待你表現如公司的期待。常多想一下，你就會知道，你該如何表現，符合「公司的期待」。**

# 整合解決問題的能力

在微軟，我最常扮演的一個角色，就是「救火隊」。

求學時代小學不算，我從初中以後，我就不是人群中最聰明的那一個，而微軟人才濟濟，高手雲集，隨便掐指一算，多得是比我優秀厲害的人，可是為什麼每次有些部門面臨危機時，老闆會選擇我來扮演「救火隊」的角色呢？一開始我也百思不解，後來我歸納出了兩個原因。首先，在「事」的方面，我一直是個思慮縝密、自我要求很高的人。我不見得非常熟悉該團隊的所有事務，但是我會想盡辦法竭盡精力及時間，作全面性的瞭解，並且把每個相關的環節都搞清楚。

再來，則是「人」的方面。為了達成目標，我會設法把一群人「連結」

在一起，凝聚共識後再重新出發。我想這與我的人格特質有關，我真的很喜歡「帶著大家一起幹，彼此信任」的感覺，也因為這種喜歡與人互動的特質，相較之下，我對人會比較有耐心及同理心，也比較能獲得員工的信任。

因此，當我接手一個團隊，特別是那個團隊原本就存有問題時，我絕不會「新官上任三把火」，一上任來個雷厲風行的掃蕩或改革。

我曾經奉命接管一個人心浮動、搖搖欲墜的團隊，當時我原先的職級其實是比這個部門的主管還要低的，就連年紀也比該主管小了十歲，但因為被公司派去「救火」，突然被拔擢成該部門主管的頂頭上司，可以想見，面臨這個改變，大家一開始一定是惴惴不安，等著看我會出什麼新招。

結果與大家預想的不同，我抱持著同理心，跟團隊裡的每一個人深談，聆聽大家的想法，並且讓他們理解，我是來幫忙的，不是只為了自己的表現或戰功。先把人心安頓下來，才能把事情做好；接著，我努力幫助這個團隊打造一番成績，重建他們的信心。當這些小小的「勝利」累積到一個程度，量變就會帶來質變，整個組織裡的氣氛也煥然一新。

會被當成「救火隊」的人，往往有一個很重要特質叫做「被信任的能力」，這點極重要，有了老闆的信任，你才能「管理」或「調整」上面對團隊的期望，讓團隊有時間空間去調整步調及體質，最後終能「超越」期望。另外要能創造「被利用的價值」。千萬別把它看得太負面，想要在職場上保有競爭力，擁有可以被他人利用的能力更具優勢。

除此之外，另外還有一項能力也可以提升你的工作身價，就是接下來所要分享的「整合力」。

## 「整合」聯想的能力

在微軟，我們常常會因為一個特定的專案或是客戶的需求，臨時組成一個跨部門合作的團隊，這時，擔任專案的管理者必須快速地進入狀況，了解專案的目標，並且負起執行協調的責任。

雖說早期微軟的組織十分扁平化，但由於各部門的立場不同，彼此間的關係仍是相當微妙，彼此牽制，也相互合作。以上述我自己的經驗為例，空降主管所產生的人際處理就是辦公室政治的一環，為了消弭隔閡，我先跟團隊裡的每個人進行溝通及真誠的傾聽，再從大家的想法中找出共識，這就是一種整合力。

而能讓整合力發揮功效的關鍵在於，主事者必須對整個流程及必要細節完全掌握，瞭解事情關鍵何在，並在適當的時機與相關部門做充分的溝通。

我的ＩＱ雖然不是最高的，但我有一個優點是，假若一群跨部門的人，要共同解決一個很大的問題或危機時，我能夠在短時間內，"connecting the dots"，把所有相關的點與點串連起來，快速地提出可能解決問題的方法。

「整合、聯想」的能力（connecting the dots），這項能力並不是腦筋好、ＩＱ高就有用。就像有人很會寫程式，三兩下就能輕鬆地寫出來，也有人腦筋聰穎，七步就可成詩，但是這些事情我就是辦不到。

遇到難題，我可以在短時間內就抽絲剝繭，這不是什麼偉大的策略，反而比較傾向是解決任務問題的能力，凡是複雜的問題，同時牽涉到人，又有政治、關係等混在一起的時候，可說是我擅長的，一方面這是靠自我的訓練、同事長官的分享，重點是你自己要「用心、上心」，久了就成了你的經驗。如果再加上你有一個適合的個性，拿我當例子，由於我的個性比較細膩，相較來說，會想得比較多，很容易想到其他別人沒想到的稀奇古怪點，心思縝密，我也很少出錯。

不過，凡事都是一體兩面，水能載舟亦能覆舟，這是我的長處，也是我的短處，常常我也會想得過頭，造成時間拖延。一家公司，若能夠擁有好幾個或是能夠訓練出具備能"connecting the dots"的人，套句話說，也就是「你做事、我放心」，相信對於競爭力的加值，絕對是如虎添翼。

## 溝通是落實整合力之鑰

而要能夠順利"connecting the dots"，「溝通」是一個重點。舉例來說，上司交代一件事情，你以為聽懂了，也了解了，結果做出來的事情卻不是那麼一回事，甚至無法符合上司預期，這類事情在職場其實常常發生。

我曾經看過一個數據，顯示70％的領導者表示自己有清楚下達指示，70％的員工卻覺得他們沒有聽懂，或者是他以為他聽懂，其實根本沒有聽懂，數字背後的結果相當懸殊。

在這樣的情況下，溝通就很重要，有的人即便你交代的是老話題，他仍是無法反應，有的人卻是一點就通，甚至還能舉一反三，超出預期。而能夠做到舉一隅三隅反，往往不是天縱英明，而是整合力、聯想力的經驗累積。相同地，對於一個管理者來說，整合力更是必備的核心能力，可是，做到的關鍵在於溝通、溝通，再溝通。

我是電機系畢業，電機系是綜合的系所，就業寬度也很廣。大學四年，除了讀書之外，在校園裡也可以透過社團活動，來培養團隊合作、解決問題，甚至當領導者的經驗跟能力。比起死讀書，出了社會之後這些經驗是非常有幫助的。而回想我的大學時代，最讓我快樂的事，就是辦活動，因為我很享受過程中那種「融入人群」的感覺，跟人相處、合作、如何應對進退、培養「同理心」，找出大家最大利益及解決問題的整合能力，這些在課堂上並不會學到，但在活動及社團中，卻是可以累積及學習到的。

這也是為什麼在面試時，也會看社團經驗，而新鮮人最常被問的一個問題，常常是：「課外活動你都做了些什麼？大學時候都在幹嘛？」倘若你是每天睡到自然醒、愛蹺課，自然就沒得談了，但若是你做過社團幹部，甚至社長，還能從中說出你學習到什麼事情，例如經營一個社團，或是待人處事的道理，辨過什麼特別有意義的活動，和企業有什麼互動、去過不同的國度、接觸不同文化背景的人，甚至做過什麼義工貢獻社會……等，自然就不一樣。面試官詢問的目的，就是想看看你是否具備執行、領導及整合能力。

而這一大段的問與答過程，先要整合思緒，才能為表達加分，對方也才會清楚知道，你究竟是運氣好被別人扶起來的阿斗？還是你真的有所作為？就像在校園，要舉辦一場聯誼活動，你就得把人、事、時、地、物盤整好，出了社會也是一樣，你要搞得定人、資源、廠商，找出共同利益，獲取人的信任，這就是整合力。

## 整合力練習

當然，要具備整合力，天生腦筋的結構可能是一個因素，人生下來的個性總是不容易改，透過訓練及練習卻是可以協助達成良好的整合力。

人的思考模式絕對是可以被訓練的，想要培養整合力，除了垂直思考，還要會縱向思考。就像前面所說的"connecting the dots"，"connecting"（連結）不是直勾勾的一條線，只有一個方向，而是上下左右前後，要有廣面的思考模式。

在職場裡，無論是企劃案、活動、任務的完成，都必須集合眾人之力，因此你必須清楚手上有多少資源、團隊人員的能力，評估該如何運用，以及資源不足時該如何拓展。若缺乏資源整合的能力，企劃是無法成功的。拿辦一場新產品發表記者會作一個例子，不是發發新聞稿及採訪通知找媒體來，大家聚在一起拍拍照，記者會開完就結束了。事前就要了解辦記者會的緣由，透過記者會要達成什麼目的，再倒回頭想，若要達成這樣的目的，需要透過什麼方式去影響？要透過誰去傳遞這個訊息才有效果？新聞稿要怎麼寫才能引起媒體興趣？很多很多的眉角必須去注意，也需要事前去整合。

另外，記者會有哪些記者及媒體會來？記者可能會問哪些問題？電視、平面、網路等不同媒體的記者，問的問題自然也會有差別。還有，記者中誰可能會挖痛腳、找麻煩？什麼樣的問題由誰負責回答？如何角色扮演……諸如此類，這些林林總總的細節，都是「局」，你必須要有能力整合這些「局」，才有可能辦好這場記者會，所以真的沒那麼容易。

但當你多辦幾次記者會或其他活動時，有了經驗後，特別是在做這些事情時，又遭遇到一些挫折，有了痛的教訓，自然會學得更快。在這裡容我再碎碎念地多說一些「枝微末節」。例如上次活動明明設想好，以為報名率一定會有八成，結果現場只來六成，零零落落的，很丟臉！下次看到現場人來得少，就會知道要先把桌子收起來，寧願先撤桌，讓場面好看，等賓客來再加桌，說聲抱歉、對不起，也不要台下稀稀疏疏，影響到氣勢。尤其是像辦經銷商大會這一類大型活動等時，千萬要避免這種情況發生，這是切身之談。

在微軟，一年最少會辦上六次主要經銷夥伴活動，次數算是不少，要從中累積辦活動的 know-how（知識、技巧），其實也相當足夠，夥伴活動與一般活動最大的不同在於它不單只是一個單純的頒獎大會，大家聚聚餐、聊聊天，還有一個相當重要的內涵，叫做「勢頭」的營造，用台語來講，就是一種「氣勢」，對夥伴尤其重要，因為夥伴會藉此來看風向如何。

為了營造「勢頭」，有許多眉角需要注意。舉例來說，像是我所坐的主桌，這一桌所有的成員，事前都得要一個一個跟我再三確認外，不克前來的空缺，事前就要補好，不能等到活動當天，沒來的位置才臨時收掉。這樣的基本常識，很不幸的有一回有一個新同事主辦人，讓我叮嚀了三次，這個同事才學會，才終於把主桌坐滿，但是卻仍發生桌上名牌缺漏的遺憾……

坦白說，我上台致詞時，看到台下狀況完全傻眼，當下真的很想破口大罵！有些桌子坐了五成、有些六成，七零八落不說，終於坐滿後，又變成有桌子是空的，這樣的情況，不僅是浪費公帑，更是有失公司的顏面，「氣勢」大傷。

以名牌來說，事前就該多做幾個，以備不時之需，而來賓的出席率，也是事前就該確認的，活動辦了這麼多次，這些細節早已該是基本，根本不需要再教。另外，還有像是發了五十個記者來，結果卻找了可容納二、三百人的場地舉辦，這些都是不該犯的錯誤。

說了這麼多的「枝微末節」，你可能會認為總經理把自己搞成了「科長」，但我要提醒的是大家別忽略「細節」裡的競爭力，這些眉角問題，說穿了，就是考驗整合力的能耐，腦筋沒有鎖緊，一件事情掉東、掉西，代表整合力很差，更遑論能做成為「你辦事、我放心」的人才，甚至去救火反被火燒，這樣誰還敢信任你，並將重任委於你？機會絕對輪不到你啊！

最後再補充一個我當兵時的小故事。由於我是排長，常常得帶新兵打靶，打靶看似稀鬆平常，裡頭卻有很多小細節。舉例來說，打靶要準確，就要在眼睛、準星、目標物連成一線的情況下擊發。準星因為是鐵鑄的，在夏天太陽很大、光線很強的情況下，就非常容易反光，不易瞄準，所以每一回我帶兵出去打靶時，我就會記得帶一個煙燻，打靶前用煙將準星燻一燻，讓它反黑，就不會反光，變得比較容易瞄準，這就是小細節。

再來，打靶有很多的標準流程，像是打靶前要先打警示槍，避免打靶時有人過於散漫或是不注意產生誤傷、打死人的意外，另外還有打靶前的槍枝事前保養……種種細微的眉角，需要注意。這些細節看似瑣碎，但可別小看這些細節，一個排長能否順利帶一連一百多個阿兵哥出去打靶，平安回返，從頭到尾流程都十分順暢，不出紕漏，這些細節的整合能力功不可沒。

當你尚在第一線經理人時，自己的技術及執行能力很強，除了指揮帶領團隊外，也許還有餘裕自己動手執行，然而當你升到第二線時，這時要比的便是架式，而且是「形而上」的架式，你便無法再親自執行，反而要憑藉整合力，好得到跨部門合作，並能與別人溝通。至於到第三線或者更高層級時，已是高手如雲，現實點說，這裡是心法的競爭，自己必須守住，因為大家都在等著別人先犯錯。在這樣的層級，能將所有挑戰迎刃而解的，已不再是招式，而是內功與心法，是一種綜合能力，包括講故事的能力、整合的能力、注重細節的能力……全部都融在一起。要達到這樣的能力，需要經過很長的訓練，訓練到隨時可以拿出來使用，才是真正的競爭力。

回顧我的職涯，我之所以很少出錯，可以歸功到整合力上。如同前面所述，我的心思很細，注重很多微小的細節，同時能舉一隅可以三隅反。說穿了，競爭力就是整合的力量，把細節加以整合，最後結果就是「你辦事我放心」。

# 找到你的貴人

上班族都會有一個共識：職場上最大的挑戰往往不在硬實力，而在於「人」。想在職場過得開心，「做人」的重要性絕不亞於「做事」。只可惜，傳統學校教育只看重專業技能的培養，卻鮮少教我們如何建立人際關係，這也是我在講述軟實力時，會不斷地強調人際關係與溝通的原因。

「職場」就是由不同的人所組成的集合體，有「人」的地方，就有「關係」以及由關係所延伸出的一連串機會與挑戰；荀子說：「人之生也，不能無群」，也是同樣的道理。既然人際關係這麼重要，職場人際關係又該如何經營呢？我先分享一個自身的故事。

## 過於專注「做事」卻忽略「做人」

退伍後，我正式進入惠普工作。實際接觸工作後，才發現在面試時，任憑我是如何地天花亂墜、頭頭是道，其實自己虛得很，一點實力也沒有；所幸當時我是被當成菜鳥看待，公司也把我當一張白紙從頭開始教，我也就從頭開始學，很努力地用功唸書，很努力地不恥下問。

在進入惠普三個月後，緊接而來就是要去美國接受三個月的訓練，當時受訓者皆被告知訓練後會有個測試，若無法通過測試就會被公司踢出大門。一直以來，台灣的員工表現優異，不僅是名列前茅，常常還都是第一名，因為台灣人最大的長處就是會唸書。

我必須坦承這件事讓我非常緊張，也備感壓力。因此，在去美國受訓前，每一天我都是七、八點就到公司，一直工作到晚上九、十點才回家。那時我只是 trainee（實習工程師），還不是正職工程師，當時大多數的工程師都是準時下班，資深的甚至五點就拍拍屁股走人了，而我就只是去公司附近簡單吃個自助餐，再回來讀書、架設電腦網路、做研究……把所有要在美國上課的東西，先在台灣演練過一遍，認真得不得了！投入兩倍、三倍的時間，一切都靠自修，就是要在短時間，把自己的不足儘快給補足。

正因為知道自己實力不足，知道自己很虛，趁這個機會，不斷努力地增進自己的實力。那時我做什麼都很衝，拚了命要走在前頭，公司期望一個新人在一年內要做到的事情，我想辦法三個月就完成。就連去美國受訓測試，從頭至尾我也是做到滿分。相較於美國同學邊吃蘋果邊上課的隨興，我真的認真過頭，還特地從台灣帶了一套西裝及絲質領帶，還記得有一次我穿上西裝、打上絲質領帶去逛街，在路上偶遇同學，同學還打趣我說：“恩全，you just look like a district manger!”（恩全，你的架式就像區經理！）

不過，現在回想，那時的電腦技術，沒像現在這麼高深，加上我並非從事電腦設計，而是技術支援維護，大型電腦當掉了，知道怎麼把它救起來就好，技術層面的含金量並不高，因此，在技術面的缺口，能夠靠自修累積出程度。

由於過度專注在提升自己的技術層面，想把事情做好，導致自己忽略了人際的照顧，眾所周知，職場人際關係其實也很重要，職場人際包含客戶、上司下屬、同事等利害關係人。

像是當客戶在氣頭上時，你如何技巧性地化解、疏理，如何懂得怎麼跟他溝通，還有要如何服務客戶？如何噓寒問暖，建立長遠的信任基礎，怎麼樣跟客戶維持好一個關係很重要，服務品質之外，服務態度也不能少。我想，我的個性大概有些基本特質，算是有點天賦，所以在客戶關係經營跟技術層面，我照顧得不算是太差，但是卻忽略了在辦公室裡面盤根錯節的人際關係。

可以說，在惠普五年的期間，我並不是太出色，尤其前三年更是明顯，我只懂得把技術弄好跟把事情做好，人情世故完全是一竅不通。一直到第

四、五年，我才覺得自己有慢慢地進步。

跟我同梯一起進惠普，有一個「同梯」工程師，他已有兩三年的工作經驗，這一位工程師的技術不見得特別突出，但一來我們的部門就展現出積極的態度。對照之下，我就像傻瓜般接受指令，被命令待在位子上，就只會悶著頭勤奮地猛K手冊，從來不會去接觸別人，除非是有需要。至於那一位同梯，因為他也有工作經驗，他自然也懂得跟其他資深的工程師互動，像是資深工程師要去客戶那裡，就會帶著他一起去見習，於是他很快就上了軌道。

有一天，老闆的秘書提醒我一句話，那句話到現在仍是印象深刻。她說：「恩全，你要跟××工程師多學學，你看人家怎樣、怎樣，而你這樣子……」我那時傻不愣登地，聽到只覺得壓力很大，束手無策，更加認定自己什麼都不會。在我的職涯裡，這是一個很重要的能力培育時期，然而初入職場卻沒有人指導、點醒我，到了秘書講了那句話，才漸漸有較深的體會，可惜的是，我已經走了太多冤枉路。

不管是任何人，一旦進入職場，都要認真去建立自己的"credibility"（信任額度），別小看它，那就是將來在職場賴以為生的能力，相信當時若能有一些智者或資深的人願意傳授我心法，我的進步自然會更加快速。

## 難忘的震撼教育

在惠普的五年裡，第一年就發生了一件事，雖然是一件極其細微的小事，卻給了我很大的教訓，迄今仍是受益無窮。

做為工程師，常常要出去跑 call，所謂的"call"就是客戶一通電話進來說電腦當掉要維修，我就得飛奔到客戶處把電腦救起來，到處趕場就成了家常便飯。

公司裡有很多內勤同事，屬於後勤技援單位的，相較於其他部門，女性員工的比例不僅比較高也比較資深，反倒是工程師比較年輕，流動也比較頻繁。有一天，我的排程得跑上好幾個 call，其實有點「軋」不過來，出門前，我很隨興地跟行政支持部門的一位小姐交代說：「那個誰××，幫我login這個call吧？」

login（登錄），一般而言是工程師自己要處理，但因為我趕著出門，就口頭請這位小姐幫忙，心想大家又不是不認識，只是舉手之勞；這其實真的是很小的一件事，當時我什麼都沒多想，只是直覺地想請她幫忙一下，甚至也不自覺我的講話口氣及方法也許有不對之處。

沒想到，我得到的回應竟是被她用很不屑的眼神狠瞪我一眼，「憑什麼要我幫你弄？」還丟下這樣短短的一句話。原本懷著滿腔熱情，趕著要去解決問題，被這麼一瞪，我竟然傻住了，大概傻了多久也有點記不得了，然後就恍神地走出去，走到樓梯間，一個人委屈地難過了很久……

為了這件事，我在樓梯間待了好久，當時只覺得滿腹委屈不知要向誰發洩。後來我體認到，人真的要遇到難忘的震撼教育時，才會真的有成長，也許這樣描述有些負面，但我真的學到寶貴的教訓，又經過了好多年的學習：「辦公室任何一個人都不可以得罪，尤其是女性，一個都不可以，就算她只是一個掃地的阿桑，也不可以。」換句話說，人際關係的敏感度跟尊重度是無分職位大小，你都要發自內心的尊重。尤其是內勤人員、庶務、行政人員，甚至是清掃人員，因為有很大部份會是女性，有時候會比較弱勢，對於她們則是要更尊重，不管你在哪個位置、你是多大的官，都要對他們很尊重。

除此之外，在實務上，尤其是幕後的支援團隊，也要特別尊重。相較容易被突顯的業務或行銷，後勤人員很容易被忽略，然而沒有團隊合作，就沒有成功可言，在職場講求的「人和」，其實就是不分哪種職務，都該有同理心，都該給予適度的尊重。

換成現在的我，出了這樣的事情，我一定想盡辦法主動去處理：「×××，對不起，是不是我態度不好，讓你感到不舒服？如果是的話，我跟你道歉。不然請你教我一下，究竟發生什麼事要讓我知道。」這是一種學習。過去的我，遇到這樣的委屈，只會自己暗自難過，完全不會想要主動去問。現在的我，不僅會主動出擊，還找個適當的場合，主動釋出善意的舉動。畢竟，伸手不打笑臉人，做人臉皮不要太薄，很有可能因為當下處理得當，危機變成轉機，這位同事就變成我潛在的貴人也不一定。

人生的過程就是如此，一個階段又一個階段，你得慢慢學，學得越來越圓融，或者說越「高段」。到更大的組織、到更高的層級，又會遇到很多潛規則，不過對新人來說，這已是下一階段的課題了。

## 建立貴人關係

《為什麼老闆總是對我說——「你很好，但是……」》（Kiss Your but Good-Bye: How to Get Beyond the One Word That Stands Between You and Success）的作者便指出：「人們在職場上沒有發展的主要原因在於，他們要不是缺乏某項升遷所需的技能，要不就是具備某種令人討厭的行為。」這也是為什麼我會認為在職場中，軟實力是決定未來你是否能夠走更長遠的路的關鍵。人際關係，其實是軟實力很重要的一環。

簡單來說，職場的人際關係，就是要明白自己處於什麼位置，就像數學上的拓撲學（topology），一條線拉出另一條線，你必須要通曉上下左右的人際脈絡，特別在你身處的這個位置上，誰欣賞你？誰會是你的支持者？誰既挺你又會替你講好話？這是一個三百六十度的維度。之所以要了解人際網絡，也是為了買張保險，趨吉避凶，避免不小心做出讓這些利害關係人討厭的行為，說穿了，這就是職場厚黑學。而這件事，我奉勸大家最好要學會，不要排斥，要不然你就會發現：「奇怪！為什麼別人都這麼順，這麼如魚得水，而我卻是做得要死要活，還沒能得到一個好評價？」

舉個再簡單不過的例子。很多人在工作上拚死拚活，希望自己被老闆看到，但是卻疏忽了一件事：每一次老闆最後在打評語時，坐在一旁的是「誰」很重要。這麼講也許有點抽象，沒有做到高階層，通常不會有感覺。

在大企業進行年終最後績效評比時，在決策階段，通常只會剩下總經理跟高階主管及人資長；如果你遇到的總經理不是昏君，那麼他會做 reference check（資歷查核）或者是他本身就「耳聰目明」或了解這個人。會主動做 reference check（資歷查核）的主管，的確有，但是不多，因為沒有那麼多時間，很多的老闆都不是這麼了解、對待員工。

想想如果今天誰得罪不該得罪的人，報仇的時間就到了。當老闆在徵詢意見：「××× 怎麼樣？」只要那人回答：「他不夠成熟。」這是一刀，「這個人不 coachable（不可教或不受教）。」又再補一刀。「一刀中傷，兩刀就斃命」。相反地，這時候如果有欣賞你的貴人適時提出正向的評論，結果可能完全不同。這不是要嚇唬年輕人職場有多暗黑，而是當你在職場上要往上爬時，終有一天得面臨這件事情。

所以，關鍵就是要把關係建立好，找到你的貴人。你的貴人是誰？什麼樣的方法對他們有用？什麼樣的方法沒有用？就連性別都要考慮，不同國籍也有不同結果。像是對老外，最好不要使用中國人的方法，搞不好會有反效果。總之，要「因人適宜」。

## 向上管理

在職場上要成功，絕對少不了主管的支持，能夠借力使力，懂得向上管理，將主管變成你的貴人才是聰明的部屬。不過，在職場關係中，「向上管理」常常會與拍馬屁只有一線之隔；不過，拍馬屁純粹是為了討好主管，沒有原則地投其所好，而向上管理是為了把工作做好，真心對團隊、組織著想。

我常聽到很多年輕人抱怨：「老闆為什麼都不聽我的？」他們覺得他們的建議很好、很創新，但老闆就是不接受他們的提案，於是他們感到非常不開心。而面對這種情況，該怎麼處理，卻是一籌莫展，由於沒有人教他們，所以大多時間就只能下班喝酒，或是邊抽菸邊發洩罵老闆。

這樣的歷程，我也有過，有哪個人對公司或老闆沒怨言的，畢竟，人不能太壓抑，也都要有出口，朋友聚會小抱怨好忙、好累、好煩有益身心健康，但指名道姓的人身批評在說的當下也許滿爽的，但你不知道這句話傳出去後再傳回公司會變成怎樣，玩過傳話遊戲的人應該知道它的恐怖吧！「**不會有誰會想提拔一個充滿負面能量的人。**」

而更正面的想法，則是在宣洩的對象當中，若有人還能成為你的 coach（教練、支持者），那你就真的很幸運！「友直、友諒、友多聞」不是完全沒道理的，你不能所有的朋友都是酒肉朋友，大家都只會約唱 KTV、約吃飯而已，而更幸運的是，你的老闆就正好扮演你的 coach（教練、支持者），若非如此，你也可以主動地去接觸及尋找來自其他部門的經理人成為你個人的 career coach（生涯教練）。

所以要如何向上管理？最基本的還是要回到後面會講到的「君子不器」，願意接受很多不同的任務，每件任務都有所成就，不斷創新，態度上"be a winner"，讓老闆覺得把事情交給你都很放心。其實一直以來，在台灣微軟的前十二年裡，我都不是我上司黃先生的最得意的門生，他以前所帶的人，比我優秀的比比皆是，同時，在工作表現上，我也不是表現最突出的那個人。

但是，為什麼今天是由我接總經理位，當然有一部分是時也運也命也，最大的原因則是他不是挑一個最厲害的人，而是最適合這位置的人。也就是說，在那個時間點，綜合評比下，我是最合適的，也讓他最放心，換個時間點，也可能就不是我了。

老闆一定是升價值觀相近或是能「搭配」的人當主管，因為平常跟老闆互動很差的人，老闆不知道他到底想什麼，他如何能放心。但沒被升遷的人常常會有：「我就吃虧在不會狗腿。」的負面思考，但實際上，是因為老闆要找他確認過適合且放心讓他當主管的人。

## 最好的方法：把事做好、做對，還要有同理心

對一個職場新鮮人而言，初來乍到，當然沒有貴人，除非你是含著金湯匙出生，或者是爸爸認識公司權貴，靠裙帶關係進來的，高層自然挺你啊！沒有什麼人與生俱來就是你的貴人，貴人是要靠經營及創造的，有了貴人，再去維持，若是連起心動念都沒有，遑論貴人從何而來？

你無法「討好」所有的人，但是怎麼讓大家覺得和你工作愉悅、信任你，把你當成夥伴，卻是無論哪個單位、哪個人都適用的準則。即便你們之間沒有任何直接的需要連接、沒有任何利害關係，最好的方法就是：做好、做對事，並具有同理心，有了關係連結以後才做的事情，通常就不自然了。

因此，人際關係不是做一做就好，而要思考如何才能得到「好」的人際關係，年輕人尤其該如此。在職場底層的時候，可能做這些事情會相當不自在，但當晉升到高層階段時，說直白一點，一定要把這功夫練到純精，這時

候，你不是獲得人際關係就好，還要懂得「創造」出人際關係。這是職場的潛規則，說起來好像很負面、很虛假，但卻又很真實。因此，我勸你用正向的態度看待這件事，並把它當成一項重要的修煉，而非假裝。我絕不是要你使盡「技巧」，而是希望你能夠發自內心地尊重人，與人為善。

職場的人際關係，學問無邊無際，即使像我在職場打滾了這麼多年，稱得上「資深」老鳥，仍是兢兢業業地學習與經營。人際關係，也不會僅限於利害關係，因為無論再怎麼喜歡的工作、再怎麼想做的事，當人際關係惡劣，人就很難覺得「快樂」，這與對工作的好惡無關，關鍵在於職場裡的人際關係是否良好，這對能不能「開心」工作，是非常重要的一件事。畢竟，在職場上，唯有愉悅的人際關係，才能成就快樂的工作，千萬別只埋頭做事，而忘了「做人」！

# 創造被利用的價值

常常會有年輕人跟我說，他們有一個困擾，不知道怎麼處理。這是一個常見的問題，很多上班族都會碰到，尤其剛進公司的新人，或者是剛進職場的新鮮人，更是屢見不鮮。那就是在工作分配上勞役不均，而且常常覺得自己是工作量吃重的一方。人都很怕吃虧，深怕別人搶了自己的功勞，或是沒有得到應得的公平待遇；要不就是抱怨別人把分內的事丟給你，覺得自己被利用了。但我想說的是，你多付出一些，最後好事還是會回到自己身上。

創造被利用的價值，也許是老生常談，但誠如胡適說：「要怎麼收穫，先那麼栽。」不栽的話，哪來的收穫，今天你種下一顆高麗菜，它絕對不會生出一排絲瓜，就連英文諺語也說："No pain, no gain."可見「付出」的重要性。

「為什麼我這麼累？」、「為什麼只有我要做那麼多事？」……這當中有很多層面，包括你理不理解為什麼要多做這麼多事？首先，你真的有多做這麼多事嗎？老闆或別人真的覺得你做了這麼多事嗎？還是你的效率真的很差，每天工作到晚上七、八點還做不完，而旁邊的同事反而是下午五點半就能準時下班？這當中很有可能是一種主觀意識作祟，自己要懂得分辨，因為並沒有一定的定論。

當然，更有可能有一種情況是你工作特別多，因為你能者多勞，這是一種肯定，只要不要多勞到影響健康其實是件好事。你不妨想想，為什麼別人總是要找你？一方面可能你能夠勝任，一方面可能是你有能力有價值，自然也有可能是他把你用得太過度了。

像我在微軟工作二十多年，每天都有處理不完的工作，就拿 e-mail 為例，每天就有百封以上的 e-mail 等著要看，看都看不完！當我又疲又累時，便會倒過來想想這是因為別人看得起我，給我機會，如果我不這麼累，又有什麼資格坐擁高薪？還得到優渥的福利，甚至擁有工作彈性和充分的信任與授權！一切一切都是血汗換來的，端視你要或不要，若選擇要做，就要付出。無論如何，公司不是你家開的，家人可以什麼事都替你想、什麼事都願意為你做，你甚至可以抱怨，但千萬別忘了，公司有付你錢，這點得常常提醒自己。

提到「不公平」這件事，不公平的事常常都有，不公平到你無法忍受，請務必要提出來，如果對方是你的上司不得不接受，那麼，當然最後還有一個方法就是你可以換工作。

當你喊著「為什麼工作這麼累？我的工作量為什麼比別人都來得重？」時，一方面要恭喜你，有可能是對方看得起你，一方面也有可能是對方討厭你，想要趕你走，才出此下策。除了這兩個選項外，還有第三種可能，可能是你的工作效率特別差，要知道自己的情況究竟是哪一種，心裡要有數。一般來說，工作量很大，從企業老闆的角度來看，是好事，絕大部分時候代表：「你好用，無可取代。」

## 人脈關係建立vs. 被利用價值

另外，不論是主管、客戶或同事，都有可能會要求你去做並非你原本分內的事情，你當然必須讓他們知道，這可能超出你的工作範圍，但表達方式可以更有技巧，以免被誤解為是個不合群的人。你不妨說：「這可能不是我擅長的領域，或許我們可以討論看看誰更適合這項工作。」

同樣地，一位上班族主動願意多做一些工作，偶爾還幫忙同事處理雜事等等，這些事情現在看似都是多的付出，好像別人都在佔你便宜，然而日積月累，有時候它卻會不經意地會變成一項巨大的人情帳。這就好像你拿了別人送的禮物、贈品，你的態度就會比較謙虛，比較採低姿態去和人互動，這是拿人手短；或者是別人請你吃飯，或送東西給你吃，你對對方講出來的話會比較動聽、比較客氣，沒那麼直接犀利讓人感到不舒服，這就是吃人嘴軟。「送往迎來」其實很有道理，有時候「互欠人情」反而讓雙方感情更好，許多深刻關係就點滴建立在「魚幫水、水幫魚」的過程當中。

所以，厚黑一點說，創造被別人利用的價值，在人際關係上也是相當重要的。人脈跟被利用價值有何關係？其實是有的，人都需要創造被利用的價值，放諸四海皆準，那些人脈關係雄厚的人幾乎都是擁有很高的「被利用價值」。

不要覺得「被利用」這個詞很負面，利用跟需要實際上不一樣，大家講利用是攸關工作、牽扯到利益的，而被需要卻是有人的成分在裡頭，更像職場政治厚黑學：你認識什麼人？誰喜歡你？誰不喜歡你？這些都很重要。"Who you know is more important then what you do."這句話的意思是「你認識了誰是比你做了什麼事還重要」乍聽之下，會覺得這句話很有問題、很負面，可是在職場裡卻常常和學校教的是相反的，可惜的是，很多年輕人年輕時並不會懂，等他懂得時候，年紀都已經太大了。

因此，一個人越成功，往往代表他的「被利用價值」很高。人跟人之間有時候是各取所需，你可以幫得上別人的忙，對方也需要你幫他的忙。所以要把人脈變現的關鍵其實就是：「創造自己被利用的價值」。等你的被利用價值提高了，別人自然願意來幫你的忙，因為對方也需要你將來幫他的忙，人跟人之間是互相的。不少人喜歡到處認識權貴，實際上卻沒有提升自己被利用的價值，刻意奉承的結果，只是導致彼此之間關係是脆弱的、是假的、是不可靠的。

在職場上，你慢慢會發現可以跟你變成朋友的多半都是跟你處在接近或同一個層級的或類似工作經驗的人，而你們可以互相幫忙，那才是真實的人脈。

## 承擔責任（Accountability）增加被利用的機會

以前我在當業務部門的總經理時，部門裡有一個很資深的業務經理。某一天，我特別提醒他：「××，我們這個月底，同時也是這一季的最後一天缺九百K（九十萬USD），你手上這張單九百K，最後一天才會進單；因為這張單茲事體大，請你務必要確實盯住，當天合約一早就要用FedEx送去新加坡，下午送達時，一到馬上就要傳真確認回公司。所有的細節千萬不能馬虎，一定要牢牢盯住所有細節，有問題也一定要告知我！」

千叮萬囑地交代之後，終於到了那天。由於那天季度末結算的最後一天，大家都忙得焦頭爛額，我也一直忙到接近半夜十二點才準備要下班。就在開車回家的途中，我突然想到這件事，急忙地撥電話回公司詢問那一位負責的資深業務經理是否已經處理好了，沒想他早已離開辦公室，當下沒人能確認是否已經進單，於是，我只好再打給做後台作業的人，請他協助查詢再跟我回報。

十分鐘後，接到同事的回電：「Davis，沒進單耶？」我一聽大驚，反問：「沒進單是什麼意思？」

「單子『已經』送去了，也應該送到了。」我接著問：「然後呢？」對方只回：「就送到了。」

「那單子究竟有沒有處理？」那時一聽到這張單子出了狀況，我簡直比熱鍋上的螞蟻還要著急，就差沒從嘴裡直接飆罵出三字經，會如此緊張的原因，真的是因為這個九百Ｋ的業績缺口，並不只是代表台灣的業績沒有做到，而是攸關整個大中華區，是件殺頭等級的大事。

於是，我整個人非常地光火地說：「那你做了什麼？」同事帶著輕忽的口氣說：「不清楚，送去了照理說就該處理了，哪知道？」他意指在季度末要處理的單子很多，凡事總有個先來後到。

我當時撥電話確認的時間是午夜十二點，等到接到回覆發現沒進的時間已是十二點零六分，那張單子的關帳時間是半夜十二點，理論上，過了十二點其實就已經完蛋，木已成舟，然而我卻對著該位同事大喊：「現在由誰在處理，直接給我他的電話！」

在我的工作生涯裡，這件事情實在太深刻，直到現在我還記得那時在處理的人，是一個負責後台作業的年輕男員工。拿到電話號碼後，我即刻打去新加坡，直接對他說：”I know the time is due. But I also know there is time difference between US and APAC, and we still have some buffer time. I need your immediate help to process this deal, or I'm dead meat…”（我知道已過了結帳時間，但我也知道美國與亞洲有時差的緩衝時間。我需要你即刻協助我處理這筆交易，要不然我的工作就毀了！）

我知道我的口氣很不客氣，並不是他的錯，他甚至還有點倒楣，是非戰之罪，但是在這種情況下，即便這次是我們出的問題，我仍是得硬著頭皮對他施壓，強迫他立即幫我處理。於是，在我的施壓下，對方完全沒有選擇，就只能乖乖處理那張訂單。

隔天，系統成功key進去了，九百K的缺口也順利補上了，雖然這過程經過了大波折，但是我分享這件往事所要強調的重點在於Accountability（承擔責任）與信賴的重要性。

能夠完成「被交待的動作」並不意謂著可靠，訂單有沒有進入系統？有沒有呈現在財報裡？這全都是要詳細確定每個細節及過程才算完成了，而不是等到業務群的總經理打電話給你確認，仍在狀況外，甚至還以為只要把訂單送去處理中心就解決了，這種行為完全稱不上 accountable（負責）。不能只是光做事情，而是要把結果做出來，這才叫 accountability，所以才會有句話說：”Accountability is about achieving result.”。

事實上，這種情況很常發生，員工多半只會認為我做了就好、有做了就能交代，卻往往沒有進一步要求是否有做好做滿，更何況一個這麼資深的經理，竟然還會容許自己及下屬犯這麼大的錯誤，造成螺絲沒有鎖緊的後果。

後來，有時我會拿這個案例來做為辦公室教材，讓人放心是很重要的能力，要做到「**我辦事您放心**」才能創造出被利用的價值，要不然什麼都不能被信任的人，怎會有人敢去用他呢？

## 善用被人利用的價值不要老計較得與失

不管是就業還是創業，在專業領域上，都要找到適合自己的方向，不斷為自己累積硬實力。而不分大小事，都要做到專業，並且在職場上建立良好人際關係，這是「軟實力」的累積。更進一步，要為自己創造「**被利用的價值**」及「**被信賴的價值**」，多做並不代表吃虧，反而能夠從中建立出信賴感。

前面提到微軟有年度的實習生計畫，我有許多機會和學生們碰面閒聊，有很多年輕人會覺得自己很聰明，但為什麼在微軟打工或實習時，總是被指派做一些卑微的工作，像是搬東西、跑腿打電話等，真的好浪費時間。直白一點說，這的確是我常常聽到的抱怨。

有一次我問一位實習生：「你不是參與舉辦過微軟舉辦三千人參加的大型活動，你有些什麼觀察？」所得的答案也常常是，「沒有印象，想不起來或是不知道。」

於是我再續問，「活動早上九點開始，八點三十開始報到，大部分的人都是八點四十五以後才來，有些甚至到九點才姍姍來遲，但是你有沒有發現到兩、三千人在二十分鐘不到就能全數報到完畢，知道是為什麼嗎？」答案仍是「不知道」……

為了能夠讓參加者快速報到，活動現場除了有大量的報到攤位，在報到流程也費了一番巧思。每一位參加者手上都有一張報到卡，抵達時只要拿卡片刷一下，報到處的工作人員，立即就能依照卡片上的訊息，判斷出他們的身分及所該給予的東西，加速報到流程，平均每人只花七-十秒的報到時間。如果仔細觀察，就會知道這其實是辦活動很重要的眉角。

所以，有沒有用心及上心，往往會產生很大的差異；明明是同一件事情，有的人只會抱怨自己的辛勞，有的人卻能從中學習得到知識及經驗，這就是"mindset"，也就是態度與心態。因此，大家要以相對的眼光來看待，如何在一個選擇的過程中，選擇一個平衡點，千萬別做一行怨一行，而這裡面有一個重要的元素，就是耐性與毅力。聽起來很教條，可是真的是非要耐心與毅力，不輕言放棄。

在喊累及不想做之時，為什麼不轉念想想有什麼可以做得更好？有什麼可以改變？老闆不好，我如何改變可以影響他？如何配合他？不妨換一個方法。很多人很容易放棄，但是如果可以用相對眼光看待事情，如果能夠增加自己被利用的價值，那麼，你在每個地方都能如魚得水。

香港首富李嘉誠就有這樣一段名言：「如果你不能被人利用，表示你沒價值！如果你老是被人利用，表示你沒腦子！做人，要懂得善加被人利用，不要老去計較『得』與『失』。若我們只會佔人便宜，卻從來不讓人佔我們的便宜，將來注定沒人願意和我們打交道！」

在職場上，被人利用是難免的，不要害怕被人利用，因為被人利用才顯出你有價值。與其花大把時間在發名片或是建立一些無謂的關係，不如真正花時間培養自己有「被利用價值」的能力，並創造「被利用價值」的機會。

# 「做」出好的人際關係

相信看過電影或小說《飢餓遊戲》（The Hunger Game）的人，一定會對由貴人所建構的華麗生存遊戲印象深刻，其實，職場的人際關係就如同電影中所演，就是一個職場的縮影。雖然談不上是至死方休的無情決鬥，但職場中的每個人與人之間，總有錯綜複雜的資源利益關係，如何在資源有限的情況下，讓專案或工作順利進行，就不得不透過各種管道獲得資源及獲得貴人的支持。

在〈找到你的貴人〉裡，已開宗明義地提到在職場人際關係裡，找到好的貴人的重要性，其中已經概括分享要如何看待、處理職場間的人際關係及人脈經營，而經營貴人，也真的是要用點心。

事實上，成功需要「天時地利人和」，有時「人和」比天時、地利都重要。良好的人際關係就像一張通行證，能幫助我們悠遊於職場，是否具備人際力與辦公室政治意識，往往也決定了一個人的成就與高度。

## 要成為一個「受教」的人

而要建立好的人際關係，還有一點很關鍵的，在於讓人覺得你是"coachable"，表示這人「**可以被教導、願意被改變**」，甚至可以說他適應力很強，換成另一個通俗的說法，就是能夠「受教」。

年輕人踏入新的環境，很多人一開始都很賴皮，對於不熟悉或是新的事物總會嚷著說：「啊，這個我不會、那個我不會，因為我是新來的。」毫無疑問地，新鮮人絕對有這種的工作豁免權，但是卻不能習以為常。

舉例來說，初到職場時，一個新人若肯主動跳出來多承擔一些辦公室的基層工作，甚至幫忙辦活動、整理等等的雜務，主管或資深同仁看在眼裡，也會覺得這個新人「很受教」，就會願意傾囊相授。因此，對於不會的事物，虛心學習的態度很重要，當你願意開放心胸、虛心學習，同事、長官就比較會覺得你是可以被改變的、可以被教育的，通常人際關係第一步就有機會少掉很多障礙，而越多人願意教你，你進步得就很快，就會犯越少的錯，也就越不會把你的人際關係搞砸。

至於"coachable"（受教）這個字有兩個深意：可以被教的同時也可以被改變且付諸實際行動，其中，可以被改變是重點，教你但你不願去改變，也是徒勞無功的；願意被教又可以改變，適應力變得很強，無論到哪一個環境、哪一種情境，都可以適應。如此一來，將來在職涯上的寬度與廣度都會無形中增加。

特別在外商公司，若被冠上"not coachable"（不受教）的評語，這是很負面的評價。我曾有一個員工，能力非常的強，相當看好他會是一個明日之星，於是便安排他上了一對一量身訂做的 coaching program（培訓課程）。但這個員工能力強，卻是眼高於頂，在待人處事上不夠圓滑，本以為 coaching program（培訓課程）可以改善這樣的情況，沒想到他卻完全吸收不進去，還提出一堆理由反駁，就算他提出的理由邏輯是對的，卻沒有用別人能夠接受的方式進行溝通，完全不接地氣，於是後來人資及其他主管給他一個評語，就是"not coachable"。這意謂著固執又鐵耳朵，怎麼講也沒有用。即使能力很強，但是無法虛心接受別人的教導、無法內化、無法改變就是"not coachable"，得到這樣的評語，自然在公司的發展就很有限了。

## 利用 impact 與 influence「做」人際關係

另外，人際關係是一種結果，對別人產生價值，未必要做什麼了不起的事情，而是願意幫別人。而樂於助人，再講現實一點，就是要創造自己被別人利用的價值，先求不傷身體再求有療效，也就是不是「做」人際關係，而是做「好的」人際關係，將來升到高階主管時，就不是得到人際關係，還要

「創造」人際關係。

講得再多一點，經營人際關係可能有幾個層面：「點對點」、「點到線」、「線到面」，舉例來說，假設今天我想要影響Ａ，但跟Ａ之間卻半點連結也沒有，不僅根本見不到他，也講不上幾句話，可是我知道Ａ跟Ｂ很熟，我就去找Ｂ，還故意講些話讓Ｂ知道，透過Ｂ去傳話給Ａ，也許就有機會能夠達成目的，這就是點對點到線的層次。

再舉一個例子，今天有件事情想要獲得老闆的同意，但是你卻遠在天邊，沒有半點機會能夠接觸到他，那麼你就要開始思考，老闆的周邊都是哪些人？老闆身邊最重要也會影響他的人是誰？我如何從「線到面」去影響老闆的想法？老闆身邊的幕僚及秘書很可能就是你該維持正向而良好關係的對象。

談到人際關係，有的人會嗤之以鼻，以為人際關係就是所謂的走後門、拍馬屁、巴結逢迎，其實這是很大的誤解。職場的人際關係指的是人與人之間的正常互動關係，不是一味地巴結而已，反而是檢驗我們是否懂得去**尊重**

**別人、欣賞別人、接納別人、肯定別人，同時也贏得別人的尊重與認同的管道。**換句話說，做人成功，相對也會得到更多把事做好的資源與幫助，這是要花時間去經營的課題，每個人都該建立出自己的心法。

職場人際關係好，固然不一定表示你可以從此平步青雲，但是職場人際關係欠佳，卻一定會妨礙你的生涯發展。

有本書叫《萬曆十五年》，作者從以冷靜獨特的視角將明朝內部的矛盾、制度的弊端及統治階層的桎梏一一剖析，此書後來發展出許多官場的潛規則。

記得裡頭講述為什麼明朝的吏治會這麼敗壞，其中有一個很大的原因在於：明朝有一個制度，按照規定，四品以下的地方官三年任滿就該入京朝覲述職，由皇帝及有關部門核定政績的優劣，如果沒大問題就能返回，代表安全過關，再續做三年。一旦被考察出過程中出了紕漏，依情節輕重，換來立即革職或是當場處決的下場。

當時全國境內共有一千一百多個縣，任何精明強幹的人事官員自然無法詳細知道他們的具體成績，而只能在大節目上斟酌一二。在這樣的情況下，自然形成了小圈圈，彼此互相關照，一旦輪到圈子裡的誰要朝覲述職，自然就有前人會面授機宜，包括居中各關係人的影響力。

要知道，古代通訊可不像現在方便，可以打電話、傳 line，還可以進行視訊，長達三年才見上一面，平時又無法常常聯繫，最簡單的方法自然就是賄賂一途。不過賄賂要錢，一些小地方官的俸祿不多，最多不過一個月十石米，根本無法行賄賂之道。狗急跳牆之下，這些人只好開始從事亂七八糟的事，像是製造冤獄、加重稅收，進行到處弄錢的勾當。

三年一到，到了朝覲述職的期間，地方官載了三牛車的金銀財寶及南方的絲綢就風塵僕僕地趕進京。一進京就得花上幾個月，即便趕到了京城，面聖更不是一件容易的事，皇上絕不是說見就能見，得在京城候著，等待宣見。在這段等候時間，就開始進行人事布局，像是後宮粉黛三千的利害關係人是誰？拿《甄嬛傳》作比喻，自然聯想到的是蘇培盛及無所不在、不同職務的太監。除了他們需要打點，還有皇帝面前的御前侍衛等……一連串名單排列下來，哪一個不需要打點？

每三年上一次京，要得經過這些"impact、influence"的過程，如果關係打點得好，人人都替你講話，像是「待會要晉見的是廣東巡撫誰誰誰，他不僅吏治清明，備受擁戴，每回上繳國庫的時候，還把嶺南最上等的荔枝貢獻上來，經商貿易做得又好、官防練兵也不差，轄內人民豐衣足食、安居樂業。」如此一番，即便還沒見到皇帝，皇帝大概也已經知道你要幹嘛，因為全都安排好了，至於吏治是不是真的有這麼好，就不得而知了。

這肯定是個「負面」的例子，講這個例子，不是要你用盡心機去鑽營，而是要你知道經營人際關係的重要性，透過這番努力經營，這個人搞不好就從正三品變正兩品，甚至有一天入朝變正一品，這無疑是職場的厚黑學，也是人際關係的脈絡，怎麼用 impact 跟 influence 來達成人際關係的目的，這就是所謂的「做」人際關係。

## 人際關係的建立可透過計畫而來

剛踏入職場，人際關係並不太容易經營，特別是許多初入職場的新鮮人，仗著自己擁有優秀的學歷或是聰明才智，認為「實力決定一切」，所以無法體會到「做人常常比做事重要」這個職場潛規則。

我自己也曾犯過這樣的錯誤，只顧著專心做事；同樣地，不論是同儕之間或是主管與屬下之間的關係，都需要像在銀行開帳戶一樣，累積「**情感存摺**」，如果你經常在情感戶頭中存款，才有提款的本錢，即使偶爾出了錯要提款，也不會因此透支。好比說在深圳有一位總經理，過去是向我報告的，後來組織變動後，他沒有義務再向我報告，然而每回我到深圳，他仍是以老闆的規格招待我。現在我們並沒有利害關係，仍夠維持這樣的關係，就是以前的存摺所積累出來的。當你在台上風光時，更是千萬記得一定要在情感存摺裡累積，也許當下你感受不到，但下台時，存摺裡有多少，一下子就能感受。

過去，在微軟每個月都會開由我主持的（business leadership team meeting）BLT，參與者大部分是一級主管，每一次開會通常會設定一些特別的主題，並另外邀請一些基層員工進行分享，像是針對最新的計畫做比較細部的報告。

在會議中，常常有些員工看起來很會做事，可惜報告卻做得零零落落，令人印象能力大打折扣。還記得之前就耳聞一位員工很有能力，她主管曾經提及她十分有發展的潛力。果不其然，她上台報告的時候有條有理，拿捏得恰到好處，那些沒太多時間及耐心的主管也聽得津津有味。這樣的員工實屬難得，那一次的訓練剛好靠近績效考核時段，看到她出色的表現，我馬上就發通知她的主管把她往上升一級。

這個女員工往上升之後會不會有後續發展不得而知，但至少在這樣的重要場合表現亮眼，就會給平常不見得能碰到的主管，或是更高一層的主管深刻的印象，就算原本不知道你是誰，也有機會成為你的貴人。在垂直型組織裡面，層級是非常重要的，若沒有把握機會好好表現，你就有可能長時間被壓在金字塔底端，不得翻身。因此，一定要懂得適時抓住機會！

另外，也有「非正規軍」的人際關係建立方式。例如公司辦活動，像是family day（家庭日）時，每個人都攜家帶眷，平常也許你跟同事或主管沒什麼交集，但在這種場合，不妨帶著老婆小孩，在沒有工作壓力下的時候，和他們寒暄一下、聊聊天。假設你只能跟他們講三十秒的話，那麼你就要思考在這麼短的時間內，如何讓他們對你印象深刻，這最好事前想清楚，否則臨場你恐怕只能反應：老闆，×××……這是我太太……再見，錯失了介紹自己的大好良機，這在〈大將之風〉也有提到類似的情況。

建立共同的興趣或是參與共同的社團也是一種方式，像是參加品酒社、網球社等，假設你想連結的貴人有品酒的嗜好，就可以在適當的場合分享你收藏的各國美酒，關係就自然更近了。

這一類的事情看似是運氣，但其實是可以計劃的，就像以前我在學校追我太太時也是精心策劃，我會查清楚她的上下課路線，製造不期而遇，或者是不約而同去聽同一堂課，製造出很多巧遇。同理可證，尋找貴人也是如此，有些事情要自然發生、有些事情卻是可以事前計畫好的。

工作上，我們總會看到有些人在人際關係上如魚得水，不妨觀察一下他們的行為，從中找出學習的典範。

如果在一個組織裡面，你有更多且不同層面的貴人，首先，你的機會就廣了。相較之下，如果你永遠只能影響你上面的那一個人，只跟上面或者少數平行的人有關係，這是相當傳統的做法。只要你表現好，你仍會一步一步地往上爬，但速度會很慢，也許一不小心組織或部門遇到重整或縮編，上層會優先選擇讓誰離開？能力不好、有問題的自然是第一選擇，再來則是沒有那麼強的關係連結的。這很現實，卻也是職場真實的面貌。簡言之，若能把職場縱向、橫向關係都布局好，你在職場的發展就會更穩固。

## 實力加上準備就是錦上添花

人都有好惡，因此在維營人際關係時要有技巧，如果技巧很差，就會淪為一天到晚諂媚阿諛、拍馬屁奉承。至於要怎樣有技巧，這其實沒有辦法教，完全屬於個人的心法，只能靠自己摸索。

在職場裡，很容易會分成主流派及非主流派，可是有時候，三年河東、三年河西，有些人過去備受冷落，時運一到就翻身了，突然變得大紅大紫，所以職場的關係是很微妙的。不要以為你只把時間花在主流派，或是只要抱住老闆大腿就沒事了，對其他人都不屑一顧，別忘了，老闆不是永遠的，也會換人，所以要建立完整的人際脈絡，涵蓋面就要夠廣，千萬不要只賭一邊就好。就算你想要集中主力賭一邊，另外一邊也要稍微花一點力氣，在對的場合，要做出一、兩件令人記得住、甚至印象深刻的事，哪天風雲變色時，你就不會因誰在哪個你不知道的場合裡作出的評價會影響到你，這種事情在職場裡其實常常發生，所以建立人際關係的同時，也別忘了要作風險控管。

無論如何，個人的實力還是最重要的基礎，實力加上準備就是錦上添花。人際關係是一個循環的結果，**心存善念，盡心盡力，最後才能「得道多助」**，這是要不斷修煉的內功。如同諺語所說：「路遙知馬力、日久見人心」，不管是事前計畫，還是錦上添花，再次強調，我並不是要鼓勵大家「用盡心機」或「不擇手段」來經營「人際關係」，反而是希望大家要更懂得如何與人相處，並且有同理心、懂得尊重別人。

註："impact" 這個字常用來「暗喻」任何影響，也就是不明白說出影響的程度有多大、有多廣。"influence" 這個字則是藉由勸說、示範、榜樣或行動，來改變別人的行動或思想，通常是間接達成的。

# 溝通，從「心」出發

溝通，是人與人之間進行交流建立良好人際關係的主要途徑和橋樑。溝通的能力，也是擁有良好人際關係、走向成功，一個不可缺少的助力。無論是什麼職位，只要在職場一天，溝通力就是非常重要的課題。

## 「聽」與「問」更需要學習

我認為溝通力不外乎三大心法：講、聽、問。想要有效提升溝通力，最好的練習，就是把「講跟聽」及「講跟問」分開。

一般人都比較偏好講跟聽，尤其是講，然而光會講話，處理人際關係時並不算擁有軟實力，講錯話其實會招致反效果。同時，要跟別人有效溝通，不只要學會「怎麼說」，更要學會「怎麼聽」。最簡單的方法莫過於學會聆聽，不要一味地打斷別人的話，讓他們把想說的話說完了，再表達自己的想法。這看似很簡單，但其實很多人都做不到。

據我觀察，一般人普遍缺乏問問題的能力，這是很重要的溝通心法。問問題，是為了得到答案；問得有技巧，則可以引導出更棒的解答。有時候，你之所以會覺得對方答非所問，很可能是源於自己「不會問問題」。

有意義的提問相當重要，特別在溝通當中，要巧妙地善用技巧。提問之前，需要仔細思考，而不是隨意提問。因為每一次的溝通都是自我形象的展現，留給別人成熟睿智還是毛躁唐突的印象完全在自己，尤其在與上級或資深人士溝通的過程中，這點更為重要。

另外，就是在〈打破語言的關卡〉裡有提及的，對很多主管來說，特別是歐美企業的高層，普遍都會有一個困擾，就是下屬不會彙報和提問。由於時間有限，他們希望能在短短幾分鐘之內就把核心問題說清楚，然而比較受到儒家思想影響地區的員工通常都是用倒敘法，在講述綱領及結論之前，先從背景信息開始講所有細節，讓急需知道結果或核心問題的老闆一頭霧水，完全抓不到重點，有時候有緊急事件插入，彙報也就提前結束、無疾而終，而辛苦的準備也全付諸流水。

所以，向主管彙報或回答問題一定要先把重點攤開來，最好分列敘述（bullet points），如果有必要才再介紹關鍵的背景情況。通常來講，最好整理出三個以內的要點來支持問題或結論。接下來通過現場觀察，若發現還有必要再陳述某些更具體的信息，才需要繼續說明，這個「次序」非常重要。而在分秒必爭的商場中，提問除了要直指核心，更要進一步地提出有建設性的建議，如此養成好習慣，才能真正解決問題，贏得市場先機。

對社會新鮮人來說，初來乍到主要是時間的優勢，可以盡量在短的時間內把不懂的東西搞懂，甚至把不懂的事情問懂，但務必要聰明地學習，及時總結經驗，舉一反三，問過的就一定要記住，再問一定是新的問題。

相對來說，過了試用期的員工雖然可以不恥下問，但忌諱提「笨」問題，需要謹慎地思考之後再提問，因為一個不恰當的提問會引起綜合的評價，而且常是負面評價。

## 有建設性的溝通才能建立信任感

公司上下溝通能力的完善絕對是一個系統性的結構，想要溝通順暢，必須從「頭」做起。簡單地說，位居上位的人想讓它通，它才能通。通了，信任才能建立起來，大家心中那堵無形的牆也會逐漸瓦解，讓溝通發揮出功效。

在台灣，講到職場的人際關係首重人和，因此大家常常會害怕衝突而不敢說實話，或者是擔心自己的想法不被接納，因此採用不直接溝通的語言，甚至選擇沉默。

在西方職場的會議室裡，你很難見到老闆一個人逕自發表意見，而沒有其他聲音出現。相反地，幾乎每個人都會發表自己的觀點，互相討論。由於在西方文化和教育洗禮下，西方人比較直來直往，討論事情時，不管同不同意都會直接說出來，即便大家意見不同，經過激烈辯論後所做出的結論，立場也通常能夠一致。但是，同樣的場景轉移到東方職場，則會認為即使是表面和諧也比衝突來得好，容易把「不同意你的看法或做法」視為私人恩怨。所以常常看到上班族在茶水間宣洩對公司的不滿，卻不敢當面把事情講清楚的情況。

在微軟的會議桌上，我鼓勵大家直接表達意見，強調開放且尊重，所以每次開會，表達的內容都是陳述事實。事實究竟是什麼？採取的行動或是建議又是什麼？而不是一直在批判：「我覺得那個人好爛啊！」、「那個人怎麼樣，都是他的錯……」等，充滿一大堆形容詞，而沒有具體的事實行動或建議。在開放的環境裡，為了同一個目標努力，建設性溝通是非常重要的；更重要的是，要彼此尊重，這不僅是我的軟實力守則，我更要求同仁有了共識之後，還要學會負責到底。

## 從心出發，珍惜人與人之間的溝通與互動

很多人視溝通為畏途，總覺得能不要溝通最好，我個人認為人之於是人，最可貴之處就是在於彼此能夠溝通與互動。這樣講也許有些老掉牙，但生命是有限的，人與人之間的溝通與互動就更彌足珍貴。

曾有人問我：「如果哪天你離開這世間，希望得到什麼評價？」對我而言，我比較在意的並非別人記不記得蔡恩全這個人多厲害，有多少豐功偉業，而是在他們的眼中，蔡恩全是個不錯的人，是個有點溫暖、會關懷別人的好人，這些才是我最在意，也是我認為最值得追求的目標。

而那些評價要從何而來？並不是只給他們好考績，加薪比較多、升官比較快就能得到的，更重要的是共事的過程中，我們之間的互動。我曾給予過他們什麼樣的幫助？是爭取加薪機會？還是曾經關心他們？當他們遇到困難的時候，幫過一把。在一些重要時刻，在對人的處理上，讓人感到蔡恩全是

個有人性的人。到了某些層級，通常會面臨到資深員工表現不佳或不再適任，站在公司的立場，需要秉公處理的情況。有些人的做法就是公事公辦，但是我願意多用一點心力，多花許多時間，給他多一點空間改進，不得已也要讓他能夠保有尊嚴地離職。

也許有人會嘲諷：「說得這麼好聽，最後還不是把人開除了！」但是對我而言，我的優先順序是要讓人保有尊嚴，且透明地溝通，想辦法幫忙爭取其他權益，這個過程是需要與人互動的，如果連這些互動都沒有，那身為人的意義究竟在哪裡？

## 科技、人工智慧幫助溝通？

Cortana 是一款微軟根據 Windows10 推出的語音助理系統，其最有名的特色就是使用者可以透過聲控方式，進行許多業務。Cortana 其實就很像以前我們所看過的科幻電影的實現，類似《鋼鐵人》中安東尼・史塔克創造出

Jarvis 這個電腦管家。

人類科技的發展一日千里，像 Cortana 這樣的人工智慧產品，有一天當它的資料庫多到一定程度時，再加上極速運算，也許真的可以做到有人的意志。畢竟，它集合了全世界最優異頭腦的人的意志，未來它可以像個超人一樣無所不能，也是意料之事。

由於通訊軟體發達，許多人的溝通也常藉由社群網站及通訊軟體進行，但是我沒有使用臉書，我知道時下有不少年輕人對臉書相當依賴，除了每天記錄大小事外，就連對公司的抱怨也常寫在上頭。的確，工作很難一帆風順，也很難不抱怨，抱怨就像丟垃圾，偶爾無妨，還有益身心，可是抱怨完就算了，你還是得”go back to work”（回到現實工作），還是得面對。然而我擔心的是這些年輕人只把電腦當成傾訴對象，因為最快也最方便，久而久之，不要說溝通力了，就連最基本的溝通能力也會喪失。

再講一個身邊的例子，基於地利之便，我們家都會去內湖的湖光市場買菜，我太太很喜歡那裡的一個賣菜的年輕小妹，不僅人很熱心，每天也會把菜做很好的整理，仔仔細細地包成一小包，清楚標示著三包一百元。每一次有客人來，她就熱心地介紹這個菜可以怎樣煮，那個菜又可以怎麼弄，態度溫暖又親切，讓我們好喜歡跟她買菜。可是最近這一陣子，我太太發現有點不對勁，每回到了她的攤子，這位小妹都在滑手機，不太搭理人。

我問太太：「她是在玩遊戲嗎？」太太回：「不知道她在玩什麼，就是一直坐在那裡，也不跟人家打招呼，前幾天看到客人跟她講話，她仍捨不得放下手機，就邊講話邊看手機。」我們後來不再跟她買菜，覺得沒了傳統市場特有的人情溫度，而後來她的生意也變差了。

所以我覺得科技發達也是一體兩面，就連賣菜的年輕妹妹也完全被手機制約了！想想真的很悲哀。大家習慣在臉書這一類的社群軟體拚命丟訊息，也都回得很簡略，甚至還按個讚就好了。這是一種新的交流方式，也沒什麼不對，可是我總覺得很可惜，因為人跟人之間的互動少了、親密關係與溝通自然越來越少，這值得年輕人好好地思考跟選擇。

我始終相信，溝通的技巧是可以訓練、可以在職場中不斷學習累積的，但它終究是「技」，而良好的溝通卻是要從「**心**」出發。當你樂於並珍惜與人互動，讓他人了解你「用心且用心良善」，自然就會產生同理心，再輔以人際溝通技巧，自是到哪裡都無往不利。

## 水能載舟，亦能覆舟

台灣有兩個全世界第一。

第一個是台灣人每天使用智慧手機的平均時間超過三小時。其次是在網路使用行為上，每天有超過一千萬人用 Facebook，重度使用率世界第一。從這兩個現象來看，表面上我們看到的是滑手機跟使用 Social Media（社交媒體）已經成為現代人生活的常態。然而背後其實關乎一個人的時間管理能力，以及社交媒體運用能力。

### 數位科技改變了「茶水間」文化

回到還沒有社交媒體與網路社群的年代，公司裡的電腦是用來文書處理及收發電子郵件，手機只是用來打電話，辦公室的人際互動除了公務往來之外，也會利用泡茶、泡咖啡時跟同事小聊一下，這是所謂的「茶水間文化」。

通常在辦公室裡，什麼話題可說不可說，大家心裡都有底，根據業種及工作性質不同，有些話題真的不能講。一般來說，不外乎講講公司的八卦、分享日常家庭生活，或是吃喝玩樂好去處。此外，社會大事或時事新聞也是話題，女性同事會交換美容瘦身心得，至於政治話題太敏感避而不談，幾乎是許多公司的潛規則。

茶水間文化主要是獲得資訊，無論是公司的政策變動、同事之間交換近況跟工作心得，從正面方向看，花個幾分鐘聊聊天，同事之間互相交流、打氣可以紓壓，此外掌握公司內外部的情勢也有助於工作進展，等於是資訊情報中心。

數位科技改變了辦公室的茶水間文化，有了社群軟體之後，大家交換資訊情報的速度與廣度都大幅躍進。事實上，社群軟體的發展是不可避免的趨勢，微軟在一九九九年七月推出即時通訊軟體，一開始功能很簡單，就是基本的文字訊息。在一九九九年到二〇〇一年稱作「MSN Messenger Service」，之後變成 MSN Messenger，被大家暱稱為「小綠人」，在生活中多了許多趣味跟方便，工作溝通上也更增添便利性。二〇〇五年之後的 Windows Live Messenger，除了文字通訊之外，還能語音交談，支援視訊會議、多人會議、連線遊戲，加上廣受歡迎的小圖示，自訂表情符號、對話視窗的背景和主題、顯示圖片等功能，在台灣有將近千萬名使用者。

同樣在二〇〇五年，湯馬斯．佛里曼（Thomas L.Friedman）出版了《世界是平的：一部二十一世紀簡史》（The World Is Flat: A Brief History of the Twenty-first Century），其中提到弭平世界的十大推動力量，揭櫫了網路數位技術改變全球資訊取得及流通，以及通訊模式的改變。

打破時空限制的 Windows Live Messenger，對於全世界生活及工作上的互動溝通模式，帶來了極大的改變，資訊取得及交換得以即時進行，以至於在二〇一三年初台灣 Messenger 宣告正式停止服務時，引起了很大的震盪。接下來社交軟體與網絡社群平台興起，人們的生活再次轉變，可以通過社交媒體得到及交換許多資訊。

## 水能載舟、亦能覆舟，請謹慎使用社交媒體

許久以前我看過一篇文章「職場菜鳥必看！《GQ》總編輯給上班族的十二個建議」，是《GQ》總編輯杜先生所寫，他在文章裡提出的觀點很有道理，最後一項是：「謹慎地使用社交網站」，這點我尤其認同。

他說：「你永遠不會知道 Mark Zuckerberg 會不會背叛你，只會分享白爛連結、習慣發表極端言論、無聊無意義地打卡、加入太多莫名其妙的社團等只要我喜歡有什麼不可以的行為。很抱歉，除非你鎖起來只給自己看，不然網路世界凡走過必留下痕跡，不知不覺間搬石頭砸了自己多少次，絕對比你

想像的還要嚴重。」的確，現代的年輕人過度使用社交媒體，尤其在職場裡面，這是非常忌諱的。

我曾經看過一個有趣的統計，若上班族在茶水間聽到八卦流言，有五成八選擇「聽聽就算，不表示意見」，三成四則會「參與討論，述說自己的看法」，只有少數人是「不參與討論」和「不予理會」，在沒有社交媒體的年代，的確會如此。然而到了現代，即使不在茶水間加入八卦討論，八卦仍然有可能加速傳出，就是因為社交媒體盛行的緣故。

很多人認為我在臉書上發洩情緒的對象都是朋友，這樣的想法其實有些天真，就算你的老闆不在你的臉書好友之列，難保裡面沒有他的心腹。也因為社交媒體有串連功能，很有可能你最好的朋友認識的人，不小心看到就傳出去了。要知道，不管你喜不喜歡或同不同意，人都要為自己在網路上的發言負責。

「水可載舟，亦可覆舟」，社交媒體更是。請謹慎使用社群媒體，也別天真地以為那是一個安全的世界，可以暢所欲言，並且躲在裡頭什麼事都沒有。不要傻了，世界是連結在一起的，過度使用社群媒體的風險是很難預測的。

另外，社交媒體也是找工作或人家打聽你的 reference check（資歷查核）的一個管道。簡單來說，它不一定只能給朋友看，它也可能成為你的履歷表。這幾年企業徵才、人才求職的方式，除了人力銀行外，慢慢也把重心放在 LinkedIn 等社群網站上。有別於傳統的履歷，透過 LinkedIn、Facebook 的個人帳戶，企業更可以初步了解這些求職者的背景，不過企業並不是看你會不會「玩」臉書，而是看你發表的內容。假若今天你是主管，發現求職者一天到晚都在臉書上批評別人、批評公司，還有不少亂七八糟的貼圖，轉貼一堆沒營養的內容，你會怎麼評價這位求職者呢？

不光是找工作，在職場越想往上爬時，越不能犯這種錯誤。我認同有時候年輕人真的不需要這麼ㄍㄧㄥ，讓日子這麼難過，發洩並不是不好，只是凡事不是不報，而是時候未到，種什麼因，就會得什麼果。

同時，也有不少人問我，有哪些辦公室話題是禁忌？常言道：「人在江湖，身不由己。」職場就是一個小型的江湖，除了少抱怨、少講是非外，政治、宗教、性別也是要避免的話題。

以政治為例，你怎麼知道你老闆或是你周遭朋友的政治取向呢？一旦你的立場過於鮮明，難保有人心胸狹窄，帶來事端。切記謹言慎行，不動腦就發言或是大放厥詞對自己真的沒有好處，所以還是盡量避免。

## 別浪費太多時間在虛擬世界

另一方面，當你成天花那麼多時間在社交媒體或是網路上時，其實是在跟機器講話，漸漸地，跟他人之間的連結便會變少，一個人從小到大都關在社交媒體或是虛擬網路世界，其實不僅不好，還很不平衡。對於現在的年輕世代而言，網路是生活中理所當然的存在，或許覺得從實體世界成長的我跨足到虛擬世界，觀念上比較傳統守舊，但無論如何，總有一天，你還是得走進實體世界，在競爭激烈的職場討生活，那麼你的一舉一動，都會與人相關。

人與人之間的互動就如同化學反應，至少目前這種化學反應仍不能透過機器來產生。而建立情感及信任的過程，是要花時間的。如果人跟人之間的交流，只剩下按個讚，或是「哈哈」、「嗯嗯」帶過，透過鍵盤被放大或掩飾，真的很可悲。長期習慣這種溝通方式，在實際世界中，溝通反而很有可能會變成弱項。當大家都活在一個自以為朋友很多的幻覺裡面，犧牲掉了人與人之間真實的對話和有溫度的互動，生活中只會成為更孤單的個體。所謂的社交互動，只不過是一連串由零與一所構組的數位紀錄。

現在有很多的人因為時間都給了網路，缺少進行閱讀或創作等對寫作能力有益的時間；另一方面網路世界大多充滿破碎與跳躍的思考與敘述，導致長句子的表達能力跟組合能力就變差，也因為網路文化就是短、然後酸，新聞時不時便會報導年輕人對事情看法的建構能力開始變弱了，實在令人擔心。

的確，我們每天的時間有限，如果長期都習慣用虛擬通訊軟體與人溝通，口語表達能力自然會受影響；同時現代人幾乎都用鍵盤打字，一拿起筆來很多字已經不會寫了！另一個比較大的影響則是寫作表達能力的退化，由於習慣透過社交媒體抒發心情，形成了「短」、「轉」的網路文化，丟出即時的心情，導致缺乏文章組織能力。我不是強調每一個人都非要成為寫作能手，而是在基本的商業文書往來，現在年輕族群往往連一封基本的 email 都寫不好。

## 適應已被網路改變的世界

受到網路及社群興起的影響，公司的組織文化或是溝通方式，也因此有了改變。

以我自己為例，我到哪裡都離不開工作，經常出差、空中飛人的生活形態，讓我不得不裝備現代的通訊軟體。好比說我的手機就設有可以傳送影像的視訊會議 APP，一打開，無論我身在何時，都可以隨時開會。手機的普及，使得不論什麼大小事都使用手機，e-mail 都是用手機看，像我在大陸，幾乎所有的新聞都來自 WeChat，大部份的資訊也都來自 WeChat，光是裡面的資訊就都看不完了。世界已經變了，即便換個環境，還是跑不掉。

身處在這樣資訊爆炸的年代，難免有人會質疑資訊的正確度，會不會充斥著一堆垃圾訊息，我倒沒有那麼悲觀，因為早晚會形成一種平衡的文化，自然能對你所收到的訊息自行判斷可信或可不信。只不過，文化需要經過很長一段時間的醞釀，就像飲食習慣，我這個年代的人，尤其是男生，午餐、晚餐只要沒有米飯，就會覺得沒有飽足感，像是沒有吃過飯一樣。現在常出國，被迫在沒有米飯的環境下生活，吃什麼都可以，只要有得吃就好，不一定非要有白米飯不可。這樣改變也是要經過一段時間才會形成，所以當它變成一種新的生活形態時，過去根深柢固的習慣也是早晚會面臨改變。

## 即便被制約，你還是有選擇

儘管社交媒體是一種被制約的行為，至少我們可以選擇，像我就是選擇不使用臉書，不過我會使用 Wechat、Linkedin。相對來說，當資訊來源又多又廣，早晚會形成另一種平衡，需要一段時間形成新的網路資訊判別文化，我相信現在年輕族群已經漸漸開始有篩選的智慧，能夠從鋪天蓋地的轉貼文之中判斷正確性以及真實性，進而懂得利用社交媒體為自己宣傳，為自己的職涯加分。

許多公司禁止員工在上班時間使用社交軟體，多半是基於資訊安全考量，畢竟商場如戰場。因此，除了公司訂定具體的社交媒體使用政策外，身為企業組織的一分子也要有共識，你在社交軟體或社群網絡平台上所有關於工作的發言，都具體影響到公司。

一樣是使用行動智慧裝置，差別在於運用的方式，你是用來快速掌握商業世界的脈動、進行即時決策、與同事、合作夥伴和客戶縮短溝通時間，提升工作效率，還是只是用來傳遞八卦，都是有差別的。正因網路有「水能載舟，亦能覆舟」效應，如何活用社交媒體，為自己作口碑行銷、在日常生活上跟朋友互動交流，同時也能為自己在職場上加值，端看個人智慧。

# 從工作中找尋熱情

日復一日、年復一年的工作，讓你倦怠了嗎？覺得過去工作毫無成就感？或對眼前的工作提不起勁？

有人問我如何在漫漫的工作歷程中再找到一些熱情？我的答案是要隨時reinvent yourself（重塑、翻新自己），這是自我創新力的一種。這裡的創新力指的並不是什麼了不起的發明或想法，得去弄出個新行業、新工作這一類的創新，我所指的是要如何在你的工作歷程中「**找到並保持你的熱情**」，如果你一點熱情都沒有，你就不會想要任何改變或新嘗試，因為熱情是很重要的改變動力。

## 在一成不變的工作中求新求變

至於要如何維持你在工作上的熱情，基本上有兩種方式，除了在現有的工作領域可以求新求變，翻新你自己，另外一種方式則是轉換到不同職位，求新求變。首先，在現有位置上求新求變，這是一個心態，假設你很容易安於現狀，不管你坐在哪個位置，公家機關或者私人公司都一樣，進步的空間很少。反之，你越不安於現況，你永遠都有求知的慾望，什麼事情都會多想一些、多做一些，那你進步的空間自然就變大了。

然而，這跟個性有關，以我本身為例，我天生個性就比較具有憂患意識，常常心理會有不安全感，每做完一件事，便會開始思考自己這樣做究竟有沒有達到自我要求的標準？或是別人的標準？也因天生個性如此，反而促使我經常檢視及自省，希望能夠把每件事做到最好。有個好的「副作用」，我反而能在現有的工作領域找到一些新方法、新創意，給自己熱情加分。

舉個例子，以前我在惠普當工程師時，主要的工作內容是商用電腦維護設備，並非開發，性質就像是電腦的醫生，做久、做熟後，往往客戶一通電話打來，就能立即判斷出問題是出在哪裡。

這樣的情況很容易因沒有挑戰對工作失去熱情，於是我特別主動去學習電腦作業系統的高階技術的知識，而這樣的高階技術原來並不在我的工作職責範圍內的。之前在〈你有選擇〉裡談到細節競爭力，所分享的淡水工廠電腦當掉的例子，我能夠解決問題，所用到的便是這樣主動學習的知識，而當時在台灣的分公司可能也只有極少數人可以做到，這就是一種 self-reinvention（重塑、翻新自己），覺得自己不是一個只會修機器的工程師而已。

惠普有個產品叫 HP Openview，是一套非常適合在中型到大型網路環境中使用的商用 SNMP-based 網管系統，當時也被稱為「全球二十大軟體公司必備產品」。這套系統推出時，我也是台灣第一個被派去受訓的。通常這樣的課程都是由系統工程師，也就是負責軟體的人去受訓，而我是負責硬體，卻是第一個被派去美國達拉斯（Dallas）上兩週的課程；之所以能夠變成硬體、軟體通吃，正是 self-reinvention（重塑、翻新自己）的結果。

因為想做到更好，就會參考別人怎麼做？外面又是怎麼做？就會有動機主動學習。或者在每天的例行工作中與自己或同事競賽。競爭很重要；競爭會讓人在工作中，不要說是創新，還會產生前進的動力。

**所以，改變不一定是要有很了不起的創新。其實你自己的「心態」跟「態度」是關鍵，你到底在工作上「要什麼」？這個心態會是你的原動力，讓你動腦去想該怎麼做、做什麼。**再舉我自己的例子，我是唸電機工程的，由於不具行銷背景，當我決定轉去做行銷的時候，除了主動請教其他同事怎麼做行銷之外，就是去買書努力自學，想辦法為工作增加附加價值。一九九五年我加入台灣微軟，由於我決定嘗試從工程師、業務轉作行銷工作，全力投入，不放過任何學習機會，後來還獲得了微軟一九九八年亞洲區最佳產品行銷典範獎。

所以，當你在現在的位置上發現自己遇到瓶頸，想要維持熱情，大概也只有上述的做法，如果這麼做結果還是一樣，那麼——好吧！那就是該換位置的時候了。

## 職涯轉變，重新定義自己

換工作跑道是一種新體驗，也是新冒險，有點類似我常說的「君子不器」，需要一點點創新思維。所謂的「君子不器」，君子不像器皿一樣，只能適用於某一狹窄領域的專長技能，一旦領域稍有變更、境遇稍有變化，其專長技能就失去了「用武之地」，簡單來講，就是不要畫地自限。

在生涯的選擇上，以我自己為例，在惠普幹了五、六年工程師，下一步選擇去ＩＢＭ當業務，由於業務跟工程師的生活差別很大，我就有了一個重新學習的機會。而在基礎訓練及學習完成後，在實務工作上，我發現每一個業務其實都有一套針對大小客戶的獨門業務心法，看到別人怎麼做後，就會有自己的創新，想出自己的一套業務心法。再強調一次，你用心、上心，你就會比別人學得更快、更深。

創新不一定非得要發明什麼東西，創新也非得要拿諾貝爾獎，做到那樣的境界真的太少也太難了！職場上的創新，就是reinvent yourself，創新你自己，如何替自己加值外，有時候還得把自己整個拆掉重新來過。

我的個性不僅龜毛而且謹慎，所以每一次換工作，像是要從工程師轉換成業務，掙扎了好久，整整一整年都在掙扎。真的換成業務時，老實說，儘管心裡已確定那個方向，可是還是不安定、不踏實，三不五時還會質疑自己真的能勝任嗎？再加上聽到不少人跟我說，做業務是條不歸路，反觀工程師的工作，我已經有很多經驗累積了，業務卻是從零開始，更覺得自己什麼都不會，只能靠一張嘴，做了一年後，會不會連技術都忘記了，這樣還有機會回頭做工程師嗎？……年輕的時候腦中充斥這樣的消極想法。

我的運氣還不錯，在一九九一年從惠普的工程師換到IBM做業務，從零開始，基本上也算是砍掉重練，雖說是從頭來過，但以往的工程背景仍然給了我一些幫助。而在這重新學習的過程，歷經一番摸索、嘗試及磨鍊，最後終於找到把業務做好的方法。離開ＩＢＭ時我已是頂尖業務之一，不僅知道如何成為一個業務，還進一步地找到成功的方程式及心法，對我自己而言，這就是一個突破跟self-reinvention（重塑、翻新自己）。

在一九九五年之後離開ＩＢＭ去微軟，最大的一個關鍵便是得知我後來的老闆黃存義總裁既重視業務也重行銷，「業務」與「行銷」便是吸引我去微軟的兩個關鍵字。從Ｒ＆Ｄ工程師開始，後來變成電腦服務工程師，後來又做業務，行銷是什麼，我完全沒有概念，這個未知的領域，讓我感覺人生又有一個新的動力，那時我剛好在ＩＢＭ做業務做到第四年，正覺得工作內容都大同小異的時候。雖然我不懂什麼是行銷，別人願意給我機會，我就非常願意學。幾經思考，就響應了黃總裁的召喚，加入微軟的行銷行列。從此我的工作職涯有一個大轉折，也開啟了一條我個人成長的康莊大道。

對我來說，這幾次的職涯轉折就是人生的自我重塑，無論是研發、業務還是工程師，這些經歷都成了後來投入行銷時的助益，因為從那些經驗裡，我累積了很多實戰經驗，而不是學校所教的，行銷就是行銷，按表操課而已。加上一九九五年到一九九八年時，我擔任伺服器軟體的產品行銷經理，比較偏技術性，過去的技術背景自然大為加分，因此，在從事行銷的過程中，我又再度重塑我自己一次，世界從那時候起又不大一樣。

從踏入微軟以來，我「重塑或被重塑」自己過好多次。從一九九五年到二〇〇七年，這十二年之中總共換了十個位置，到目前為止，公司內部幾乎沒有人打破我的紀錄。

剛進微軟時，第一個工作是負責 SME Marketing（中小企業的行銷），這份職務的時間很短，在因緣際會下又轉去做 Product Marketing（產品行銷經理），負責微軟最早期的伺服器產品，兩年半後，我自告奮勇轉換工作崗位，想做帶人的工作，於是便回到之前在惠普的老本行，做起 service team manager

（企業客戶服務部經理），負責售後服務的團隊，這正好是我的專長所在。

一年後，我獲得升遷，負責管理所有的技術服務團隊，包含售前及售後服務，約莫五、六十個工程師的規模。再一年，我被指派去接顧問服務團隊，當時顧問服務團隊出了不小的問題，連續出現虧損，情勢相當混亂，由我接手開始進行組織重整。很巧的是，約莫一年半的時間，微軟亞太區正好有個Pilot Program（前導計畫）選中台灣，把服務團隊跟大型企業部門整併，交由我管理，我便順理成章同時管理業務、技術服務及顧問服務。

又一年後，全球組織大重整，我被指定只能接大型企業業務部門，不能兼職管理其他團隊。就這樣做了一年，我的老闆黃先生希望我有更多歷練，於是把我派去接任Marketing Director（行銷總監）。儘管我曾做過產品經理的職務，但行銷終究非我所長，我還是接受，表現得四平八穩。在行銷的第二年，我臨危授命接了COO（Chief Operatiing Officer，營運長），一年半後，晉身為總經理。

以十二年的時間登上總經理的位子，這樣的升遷速度並不驚人，但難得的卻是我在每一個位置的表現都未曾出過大差錯。當微軟在台灣快速發展期時，其實我還在基層，一直到接任總經理時面臨了急速成長的轉折點，市場競爭相當激烈，而二〇〇〇年後市場大環境不佳，曾經叱咤風雲的公司幾乎都逆風行車，微軟的表現卻是一枝獨秀！也許可以將部分成功原因歸功於運氣好，其實我花了很多時間在練基本功，包括前面提過的 accountable（當責），也就是「你辦事我放心」，還有人和，有足夠的同理心、能夠組織團隊；更重要的是用心、上心的工作態度，並且願意不斷 reinvent（重塑、翻新）自己。

## 擁有多元工作經驗，在職場上更受歡迎

年輕人就是要不斷地重塑及翻新自己：從原來的工作找出新的方法，找出新的解法，找出更節省成本的方法，這都是創新。另外，轉換到不同領域、

職務也是一種創新，就像做技術的人，改去做行銷也是一種創新。

有不同工作經驗的人，相較只做過單一工作的人，其實在職場上更受歡迎。而當你從事過不同領域的工作，涵蓋範圍包括：工程師、業務、行銷等，幾乎是全方位，就更有機會像前面提到的"connecting the dots"（更具備整合、聯想的能力），思考事情的時候也會更全面，而且同理心也會高很多，因為你做過、被修理過、經歷過，更能感同身受。

分享一個簡單的例子，很多行銷人員常常會抱怨：「我明明發 e-mail 了啊，已經通知你了，為什麼你們都還不知道這件事！」不妨想想大家天天都在發 e-mail，成堆的 e-mail 中，為什麼有的 e-mail 有被看到？有的就被忽略？讓自己的 e-mail 被重視，是有方法的。

如果你有做過業務，再回來做行銷，就知道發 e-mail 時要如何做才會提高開信率，好比說：只發一次就夠了嗎？除了寄給當事人，要不要也 c.c 一份給他的老闆？是不是該分眾來發？……種種的方式，就是經驗，也是同理心的一種。正因為你做過不同的位置，所以你有同理心，知道「己所不欲勿施於人」、「己所欲就施於人」的道理，所以你就有機會把這些 dots（點）連起來，把事情做得更有效、更有品質、更有產出，也更接「地氣」。

尤其過了四十歲以後，如果你還是只有一種工作經歷，就比較難有更長遠的發展。我不是鼓勵你常常換工作，而是要在機會成本還不算太高的時候，多給自己不同面向的歷練，讓你的路可以走得寬廣些，而且每個「經歷」最好都有個二到三年左右，以免給外界不穩定的印象。當然這也是有例外選擇，有些人可以在專門領域攻得很深，變成無可取代的技術人才，一樣可以存活得很好。

大部分的人通常很少一個工作從頭做到尾，即便履歷表上的過往工作內容是與業務相關，也不見得是同一種業務，一旦轉換公司，也可能從事不同形態的業務工作。無論如何，要不斷地 reinvent yourself（重塑、翻新自己），越往前走，身上掛的勳章越多，在職場走得更長遠的機率就越高。

## 工作與生活維持平衡

在職場中，特別是當你到達某一個程度的時候，一定就會有瓶頸，因為工作的「內容」只有這樣，無論再怎麼創新，圈圈也大不了。在這樣的情況下，如果想要突破，就非得換位置不可，不然就是離開這家公司，或是找到另一個生活上的「出口」。

在惠普做得很熟練以後，我發現自己在工作上的創新變少了，於是便把重心轉移到下班後的生活。那時候我很幸運，沒有筆電、沒有手機，而 e-mail 只能利用公司電腦收發，所以假日也不用看 e-mail，不會有一天到晚看不完的訊息，自然也沒有人會隨時打電話給你，可以輕鬆放假。當時 B.B.Call 算是最先進的科技，不過通常是值班才會使用，在沒有任何被工作干擾的情況下，工作遇到瓶頸的我，讓生活過得比較豐富就變成了創新目標。這樣過了一段時間，我發現生活體驗及學習真的多采多姿，也有一些成就產生，但是某一天當我在生活上也遇到了瓶頸的時候，再回去投身工作的創新。

若你在工作上到某種層級，很難突破，就如同我常講的”work life balance”（工作生活平衡），不妨從生活上找到另類出口，沒有人規定一定非要哪種方式不可，然而當你在工作與生活都遇到瓶頸時，就要好好思考下一步，而我自惠普轉去ＩＢＭ當業務，就是一種工作跟生活之間考慮的平衡結果。

## 加值創造額外價值

講完個人的改變經歷，我想分享一個關於企業內部創新服務的小插曲。多年來我的健檢都是在聯安進行，它的服務一向讓我覺得很滿意，而且我發現這幾年下來，提供的服務越來越厲害。

有一次我去做健檢，裡面有好幾道流程，會遇到大約十來個護士小姐或是行政人員。這麼多人之中，至少有五個以上的人一看到我，就立即跟我打招呼，甚至主動攀談：「蔡先生您好，好久沒有碰到你太太了，老師最近還好嗎？」

聽完這樣的問候，我嚇了一跳，心想：「他們怎麼都知道我太太是老師，真是太厲害了！」那些跟我打招呼的小姐們，我確實都有看過，也有印象，雖然不記得她們的名字，但她們卻都會主動打招呼甚至還關心你的家人。當然，讓我更驚訝的重點不是只有一個、兩個，而是有五個以上的人，真的讓我太訝異了，畢竟我一年不過才來一次，他們怎麼可能會記得這些細節。

這也許是我太大驚小怪，也可能是我只看到表面，我想他們應該有一套嚴謹的客戶管理方法，我一報到後，個人背景、喜好全部都會從電腦的客戶關係管理系統裡跑出來，每一個人都可以看得到，自然能夠就根據我的資料閒話家常，甚至還有人會關心地詢問：「老師之前喝顯影劑，喝得很痛苦，這次有沒有怎麼樣？」更讓我詫異的是大家都記得這些細節，這不也是一種服務的創新，創造出讓消費者揪感心的感覺。這樣的用心服務，不只客戶滿意，更讓每位員工都能創造更多價值，每一個服務人員也同時是客戶專員，甚至是很好的業務，員工滿意度高，形成了一個正向的企業循環。

這樣創新的加值服務，讓我印象深刻，更覺得自己是他們的特別客戶，下一次樂於再到聯安健檢，他們也成功地提升顧客的黏著度。進行這樣的創新的確是有方法的，聯安不僅願意投資，還創造出額外價值，就算健檢費用要價不菲，我卻覺得CP值很高。

無論如何，很多人會抱怨一成不變的工作令人逐漸失去熱情，其實要負起最大的責任者，是你自己。如果你真的不喜歡現在的工作狀況，無法忍受一切的難題，那麼，請試著相信自己一次，下定決心去冒一次險，畢竟「不入虎穴，焉得虎子」。在職場中，不要只是思考「我對什麼樣的工作有熱情？」，何不多去想想「哪種工作方式和生活形態讓我更有熱情？」，職涯就像是一門投資，你所投入的是時間和努力，倘若把時間花在不能累積資產的地方將是最大的浪費，終究"reinvent yourself"（重塑、翻新自己）才是更實際的做法！

# 壓力的逃生出口

想要縱橫職場就必須提升抗壓性，職場一如戰場，不見硝煙，可能潛藏腥風血雨，無論是從事何種職業、處於何種職位，抗壓性都是一種必備的基本能力；否則，只能淪為「炮灰」。

現代企業之所以會看重員工的抗壓能力，不是沒有道理。以金融風暴為例，企業非常需要能夠一起共度危機的員工，而不是一吹就倒、一捏就破的「玻璃心」員工。

那麼，要如何釋放工作壓力，提高抗壓力？我想最簡單的壓力管理，就是替壓力找到出口。

## 替壓力找尋出口

在職場上，很多時候會得內傷，因為很多不如意的事情都得要自己扛下來，很多「氣」得吞下去、自我消化，這也是適應力的一種。有一天當你成為高階經理人時，你就有更多東西要取捨，有些是檯面上的，有些東西真的別無選擇，只能氣在心裡，不能溢於言表，即使要表達憤怒的時候，也要用對的方式，不能隨意發洩，這也是最難的「內功」，需要許多磨鍊及內化的功夫。

有時候，遇到壓力或是情緒一時無法立即宣洩，我的方法就是在心裡默數，萬一還是無法讓情緒沉澱下來，就強迫自己站起來到外面走一圈，大口深呼吸一下，之後阿Q地想一下：是不是有哪些地方搞錯了、對方是否根本沒有這個意思？還是他沒那麼聰明、反應沒那麼好等等……找一些理由原諒別人，這也是同理心的一種。有些時候你也會不小心做錯事，別人卻誤以為你故意的，**原諒別人同時是在原諒自己**，經過這樣的過程，氣通常就會少一點，至少走一圈回來，氣也消減了20%，這也是要訓練的。

除此之外，我自己也常用一些笨方法紓壓。像是在行事曆上註記一些在日常生活中看到的句子或是箴言，可以念給自己聽的，像是禪宗的哲理、卡內基的名言等等，重點是記在每天都要看的行事曆上，自然地會三不五時將這些句子拿出來，心裡就會比較舒坦一點。

運動是最快也是最有效的療癒方式，這個道理大家都懂，只是看你是否有決心與毅力「持續」運動。另外就是轉念，很多人會擔心失敗，那麼不妨試著想想：「假設我真的失敗了，那又怎樣？失敗不就那樣嗎？我就好好接受它。」通常轉念不夠，還要學會打從心裡面接受，將所有的事情全盤想過一遍。倘若這些事情最壞的情況都可以接受，現在的壓力就當成該做的事，儘管事情看似沒有解決，但心情比較篤定也容易沉澱下來，才有心情及能量去做點事來改善情況。

## 人不可以無友

紓壓的方法五花八門、琳琅滿目，每個人也大都有自己的心法。不過我認為有人可以講話絕對是最基本的，因為有時候，無論你再怎麼想、再怎麼努力，找不到出口時仍舊會崩潰，一定要有信任的人可以宣洩心事。無論身處順境、逆境，與朋友多作交流總是沒錯，可使你不致落入窠臼，脫離死胡同。

「獨學而無友，則孤陋而寡聞」，意思是獨自學習，沒有朋友互相切磋，便會思想淺薄而見識不廣；所以人總要有一些可以傾訴、學習的對象，成為你的情緒出口。

這個道理大家都懂，但往往發生在自己身上的時候，就會突然間亂了方寸，而能夠把情緒管理好，其實是最難的修煉。無欲則剛是很高的境界，一個人無欲無求就不容易動搖，不會因為關心某個人、某件事，聽到關於那個人的消息亂了分寸！一旦雜念太多、判斷失誤，往往會自亂陣腳，無法將注意力聚焦，所謂的「關心則亂」便是這個道理。當然你會說，人不可能「無欲」，但我要說的是，至少你可以透過自我訓練，調整或降低你的欲望，如前面提到的「轉念」或「阿Q」一點，壓力就會自然降低。

在職場中，我可以說是一個相當幸運的人，過去有許多老闆們都成了我的良師，甚至益友，每當我需要出口時，撥通電話給他們，他們不僅樂於傾聽，還願意教導我。不管你處在什麼樣的年齡、位置，那些紛紛擾擾的事情都會遇到，除非過著與世隔絕的生活，不然躲都躲不掉。

想想你生活及工作上的 coach（教練）、mentor（導師）是誰？

當你的官位越大，可能面對的紛紛擾擾越多，情況更複雜。有時候基層員工會私下埋怨老闆，像是不上道、講話很難聽，這是很正常的事。但「友直友諒友多聞」是有道理的，你不能結交的都是酒肉朋友，大家都只去唱KTV、喝酒作樂；如果你有一些好朋友是你的 coach（教練），有些朋友真心聽你講話，提供建議，那麼你很幸運。我的心靈導師就是我的前幾任老闆，直到現在，我仍和其中幾位保持聯絡，他們也時常熱心地幫助我。

之所以能夠與這些老闆們一直保持聯繫的主要原因，在於相較於他們主動積極的個性，我屬於溫良恭儉讓型，成為一個奇妙的平衡，而對他們來說，「蔡恩全辦事，我們都放心」，更增加了我的被利用價值，加上我還會舉一隅三隅反、說一做十，可說是非常好用的下屬。漸漸地，我與上司之間培養出長期的關係，他們也都滿信賴我的。人跟人之間都是互相的，必須有情有義，就算不是工作上的事，我也樂意盡一己之力，想辦法協助他人。

在年輕的時候，我比較不會想事情，也不會留情面，所以與上司的關係沒有特別好，但是年紀漸長之後我學會了珍惜，也更懂得應對的技巧，自然就得心應手。

## 「傾聽」與「被傾聽」的重要

女兒出國留學前，我和女兒一起跑步時，聊到在職場的一些心路歷程。

當時我即將被調往大陸，擔任微軟大中華區副總裁兼中國區業務總經理。

女兒見到我似乎有些煩惱及困擾的樣子，就對我說：「人生不就是這樣嗎？要去就去啊，決定去了，就好好去享受在那裡的生活，若你沒有去過中國歷練一番回來，將來一定會覺得很遺憾吧？」

女兒的話沒錯，我心裡確實也是這樣想的，好歹要給自己機會去歷練一番。至於能否活得下去不敢多想，至少在我去之前看過的失敗例子遠遠多於成功，但是做不好就回台灣，趁此機會可以過另一種生活也不壞。不管是做一年、兩年，每一個過程對我來說都是新的體驗，是種 self-reinvention（重塑、翻新自己）。那何不轉個念頭，很多糾結的事情就會海闊天空，也不會再對事情那麼執著、緊抓不放了。

遇到困難的決定、挫折或是沮喪的時候，人都需要被傾聽。

說來有趣，應該是我講自己的人生哲學給女兒聽，教她一些人生大道理才對，但是年輕人思考單純，她的話反而給了我直接的訊息：「這就是人生的必然啊，為什麼你們這些老人家腦筋這麼複雜？想這麼多事？」

她說：「老爸，既然你都答應了，還想這些幹嘛？」

我心想：「對啊，我都答應了，如果做一年不行、失敗了，那麼也沒什麼好掛念的。」

「不過，回來後，我就失去我的舞台了，男人不能沒舞台……」想到這裡，我還是有點憂心。

「你就想辦法找其他舞台囉！」女兒想也不想地，立即丟了一個明快的建議給我。

是啊，道理如此簡單，我究竟在煩惱什麼、糾結什麼呢？說穿了，很多簡單的事情是自己把它給複雜化了。

和女兒聊完後，頓時豁然開朗，心中的壓力也減輕不少。

人很難什麼事情都能事先預測或管理，在我的職涯裡也曾受過傷，只是表面上挺住，不讓大家看到我中槍。因為我是公司的「長官」，在眾人的面前沒有權利示弱，但在私底下，我和一般員工的處境是一樣的，也需要有情緒的宣洩出口，需要被傾聽。

有時候朋友找你傾訴，並不是要你下任何評論，也不是完全要你教他解決方法，他需要的只是「聆聽」而已。當然，如果你還能給他一些方向更好，但前提是你要學習傾聽，這同時也是我的學習。當人被傾聽時，就會覺得世界上不是剩下自己孤單一個人。

有句英文是這麼說的：“What doesn’t break you makes you stronger.”（沒有把你打倒的事情會讓你更強壯）有壓力不是問題，重要的是你如何調整自己的步調，懂得適時排解壓力。

## 認錯的能力

身為一個領導者或決策者，知錯、認錯、改錯絕對是必須的能力。

不管在哪個年紀、置身於職場或是人生的道路上、無論身分地位是高是低，一個人如果沒有認錯的能力，就很難找到問題的根源、發現事情的本質，然後告訴自己不再重蹈覆轍，犯下同樣的錯誤。有太多人一輩子都活在悔恨當中，因為錯了不知錯，知錯不認錯，認錯了又不肯改錯，到頭來發現自己被困在錯誤的惡性循環之中。

### 在錯誤中學習

社會新鮮人剛踏入職場，在陌生的工作環境中容易犯錯，多半是因為不熟悉職務內容，在執行操作程序上沒做對，例如文件內容有誤、工作流程不對，甚至電郵寄錯對象等明顯的錯誤。通常這種錯誤很快就會被發現，然後被主管或前輩叫來罵個兩句，摸摸鼻子重做。職場跟在家裡或學校不同，認錯時當下的態度很重要，在家裡或學校擺出「好啦！我知道了」的態度或許沒事，但在職場上就是給自己找麻煩。

俗話說「事不過三」，意思是我們要懂得在錯誤中學習，不再犯同樣的錯誤。簡單來說，當同樣的錯誤一犯再犯，代表你漫不經心或能力不足，對這工作根本不在乎，這時不是挨罵就能了事，還有可能面臨被炒魷魚的下場，畢竟沒有公司會喜歡一再犯錯且不用心改正的員工。現實的情況是，剛出社會的新人可替代性很高，在擁有同樣的基本條件下，一個比較聰明但錯誤不斷又不肯改的員工，遠比不上或許不那麼伶俐，但犯錯一次之後，願意努力學習改錯的員工。

另一方面，我們常聽到有些公司會宣稱：「我們允許員工犯錯。」管理階層也常以「可以從錯誤中學習」來勉勵員工，雖然立意良善，然而我必須直言，目前大多數企業績效評估制度的設計規劃，往往不允許員工犯錯或員工只能犯「可控制」的錯。台灣的公司組織結構以中小企業為主，佔約97％，在組織管理結構上，其實更缺乏讓員工犯錯的空間，加上主管普遍不太重複培養員工，結果「多做多錯，少做少錯，不做不錯」這句話成了在職場混日子的人的名言，導致員工在上班時痛苦指數升高、離職流動率也高，形成惡性循環，值得經營者三思。如何在容許錯誤發生及鼓勵員工求新求變、勇於發揮創意和嘗試之間求取平衡，是很重要的。

## 向錯誤拜師學藝

福特汽車總裁 Alan Mulally（艾倫．穆拉利）就是最好的例子。他在加入福特後，便推出一套偵測錯誤的系統，並要求主管在提交的報告上，貼上顏色標籤：綠色是好消息、黃色是應注意、紅色是有問題。

剛開始，眾人不知道新來的CEO的態度，每一份報告都是綠色標籤。「公司前一年才虧損數十億美元，真的什麼問題都沒有嗎？」穆拉利提醒大家。爾後，有一名經理人提出黃色報告，指出某個嚴重的產品瑕疵可能會導致新車延後上市。儘管與會者一片死寂，穆拉利卻報以掌聲，鼓勵這位勇敢發言的員工。從此之後，報告上的標籤就什麼顏色都有了。

由於我們從小就被灌輸「失敗是壞事」的觀念，這種想法也延伸到我們所處的組織。結果，儘管經歷過無數次失敗，卻很難有效地從錯誤中學習。事實上，失敗的原因很多，不能一味地把失敗歸究成壞事，有的失敗該受譴責，有的失敗卻值得稱許。

企業如何建立一個讓員工願意嘗試新做法，並適當容錯的制度，至關重要，微軟在二〇一三年底之前一直使用「Force Ranking」（強迫排名）制度，做為公司內部績效管理評比方式。Force Ranking（強迫排名）在一九八〇到一九九〇年代，由美國奇異公司的前任執行長 Jack Welch（傑克・威爾許）開始採用並且大力支持此制度，直到現在，全世界有不少大企業也採用這個績效評比制度。

Force Ranking（強迫排名）是由各部門經理根據bellcurve（鐘形曲線）為部門內成員打分數，並給他們從一到五的評比等級，依照比例分配，約有10％員工會被列為表現評比排名最差，如果工作績效一直沒有改進，就會收到一份「Performance improve plan」（績效改善計畫）。在內部只要聽到「PIP」，大家都會非常緊張，表示受到上級主管很大的關注，如果績效改善不如預期，到最後可能導致被資遣的結果。所以這制度不太鼓勵創新嘗試及團隊合作，也不允許員工有犯錯的空間，讓大家在職場上戰戰兢兢，不敢出錯，因為一直犯錯，工作就有可能不保。

但微軟在二〇一三年十一月取消了以這個排名制度來評比員工績效，消息一出，引起了美國人重新檢視Force Ranking（強迫排名），以及對於員工績效與人力資源管理的一股討論熱潮。

## 認錯力也是競爭力

我們會如此害怕犯錯，追根究柢，不外乎是擔心受到懲罰。

「人非聖賢，孰能無過」這句老掉牙的話，並非鼓勵大家犯錯，而是勉勵所有人，無論做什麼事都要盡量做到好。還有另一句老生常談的「知過能改，善莫大焉」，這才是重點。曾子說：「吾日三省吾身。」提醒我們要時常自我反省，審視自身的缺點並且改正，然而在自省的過程當中，有沒有辦法做到先「承認」自己哪裡做錯，不只是口頭承認，心裡也要承認，這才是實踐自省的意義所在，倘若不願意承認，就不可能真心去改正。

自省與承認，都是從年輕時就需要培養的能力，更是犯錯、知錯、改錯過程中重要的起點！在建立認錯力時，得一個階段、一個階段，像搭蓋金字塔一樣地層層堆疊上去。

分享一下我自身的經歷。二〇〇五年九月二十六日，我從台灣微軟營運暨行銷處執行副總經理的位子升任營運長，我的職稱是營運長，但事實上是做總經理的工作，因為上級長官認為我資歷還不夠，還要多磨鍊，等於是把我放在觀察期。

之後回想起來，深深覺得當時自己第一件做對的事情，就是擁有知錯、認錯的能力和態度。

在我接任營運長之前，公司發生一連串導致業務不當營運的大事件，考驗身為領導者的危機處理能力。我知道組織錯在哪裡，也知道通常許多領導者的做法，就是點出錯誤，點名部下負責，然後高喊振興團隊以重整士氣，甚至有些領導者會採取殺雞儆猴的方式。但為了面子而不認錯，這不是我的風格，當初我手上接下了在「不當的壓力下」的一份「處理名單」，而我決定自動舉手承擔過去的錯誤，力保一群做事賣力但犯錯的主要幹部。如果把手下能做事的「好」幹部砍光等於是自斷臂膀，那並非聰明的做法。

我帶頭從「底」開始就認錯，這是釜底抽薪的做法，只有領導者將全部的錯都認了，才能帶領團隊從頭開始，組織才有重新奮起的活力。就像療傷一樣，內傷沒治好，光是急著搞定外傷沒用，只會讓傷口有更多時間擴大、潰爛。我選擇讓壓力不再下放，高階幹部得以安心，也跟著反省振作，帶動底下團隊的士氣，於是在一年內，公司安然度過危機，運作回穩。

當時我專注於讓組織運作穩定，人才不致流失、團隊不致瓦解，重設合理的業績目標，並且掙回業績。過了幾年後我才意識到，或許就是因為我知道錯的「deep insights」（深度洞察力），公司才決定找我當營運長，扛起將搖搖欲墜的團隊再造的重責大任。我想強調的是，在上位者，如果能「適當、適時」地認錯並承擔責任，員工不但不會看輕你，相反地，他們會更尊重你、信任你，於是團隊的執行力、凝聚力就起來了。

要做「對」的事，其實非常困難。二〇〇七年，我接任台灣微軟總經理一職，思考整體經濟以及產業發展的趨勢，我看到台灣 PC 出貨量可能會開始下滑，這對微軟來說是個挑戰，畢竟微軟是國際品牌，我在外商企業做了將近二十多年的業務，知道外商在業務上習慣強調"key win"，做大案子贏大成功，凡事都要找「亮點」好使自己能在績效上有可書之處，過去我也是抱持這種想法。但逼近我的現實是，再用過去的想法來看待客戶、操作市場，極可能失去中小型案子，影響到最後年度業績的總體表現。當時，我的做法也相同，帶頭承認過去的錯誤，帶領團隊改變思維與做法，大客戶固然要爭取，但建立健全的業務機制，加上更多小而美的生意更重要。往後，微軟幾年來的營收都是兩位數成長。

## 誠實認錯是改變的契機

從另一方面來思考所謂的「對」、「錯」，我們看別人的事情常常是事後諸葛，瞬間就能道出到底是誰對誰錯，這件事錯在哪裡，應該怎麼做才是對的。但當事情發生在自己身上，常常就不是這般狀況。

我們很習慣把「錯」歸咎到別人身上，因為找到一個人、事、物來責怪，就能減輕對自身帶來的傷害。最常見的狀況就是失戀，身邊朋友們幾乎都會安慰地說，都是對方不好、是對方的錯，我們聽了得到安慰，心裡就覺得舒服多了。

但仔細想想，這終究是治標不治本的方法，唯有誠實的認錯，你才有重新開始改變的可能。感情是兩個人的事，會分開往往是兩人之間的相處出了問題，有時候真的不是對或錯就能判定。而在工作上，我們往來的對象，對內有同事、主管、部下，對外有客戶、合作廠商等，這麼複雜的關係牽扯，難道每一次在工作上出了問題，全都是別人的錯嗎？所以，我們真的需要有認錯認到底的能力，尤其是剛出社會的年輕人，適當、適時地認錯，是展現自己負責任的第一步。

## 超越對錯的溝通智慧

領導者懂得知錯、認錯、改錯之餘，還要有「上善若水」的能力。

「上善若水」出自於《老子》的《道德經第八章》，老子說：「上善若水，水善利萬物而不爭。」意思是，最高境界的善行就像水的品性一樣，澤被萬物而不爭名利，這也說明了好的領導者該具備的特質。「上善若水」可以解讀成「鄉愿」，也可以解讀成「無入而不自得」，就是無論如何總會從中找到一個對的方法，讓一切調合，這是我個人認為中國文化一個重要的精神。

對於領導者而言，有時候在決策或管理上出了狀況，可能是錯估當時的形勢，有時候則是整體大環境情勢所驅，倘若是後者，就必須能巧妙解套並且提出解決方案，這是基於對錯之上、超越對錯的溝通智慧。

例如在某一年微軟全球高階領導者會議當中，各地區領導管理者必須報告各區表現，但當年全球經濟不景氣、影響甚巨，許多產業紛紛陷入困境。加上一些無法控制的因素，像是GDP成長從六個月前做年度計畫時的負二變成現在的正一，成長數字雖然上升，卻不如政府一開始預期的，由負二變成半年後的正五，最後導致企業原本預估能夠達標的團隊業績，明明有成長，最後表現並不夠亮眼。在那當下，我必須去思考，要如何做出對上對下都有轉圜餘地的報告，所以我從大局變動開始說明業績表現為什麼好、為什麼不好，以及未來可以改進之處。除了承認一些決策上的錯誤，另外也跟總部要求更多資源跟時間來證明自己與團隊的專業能力。

在某些場合，當下無法或未必要徹底承認錯誤，而是要為團隊留一些轉圜空間。但關起門來，團隊仍要徹底認錯、改錯、踏實補過，不能心存僥倖。人生總是以最簡單的模式呈現，一如背了八成的債，只想補二成的洞，仍超過一半以上是負數，一開始或許運氣夠好足以粉飾太平，但紙糊的老虎最後終究會穿幫。

在國際企業工作外表狀似光鮮亮麗，但檯面下所有的戰戰兢兢、如履薄冰卻不足以外人道。倘若只以表面安穩的炒短線心態來管理企業，而非想著要永續經營，無論對於個人職涯或整個團隊成就，都會帶來有形無形的傷害，這也是台灣許多外商公司經理人在位往往不超過三年的原因。站在領導者的立場，每個決策，甚或每句話一旦說出口，不只要承擔自己丟掉工作的風險，還得背負整個團隊失去工作的風險。而所謂經營管理，就是從自身落實的良性平衡循環，進而展延到帶領團隊追求共同的成就，上善若水是領導者得以讓團隊進退有據的圓融展現，是能夠推動團隊前行的隱性永續動力。

過去二十多年，我所有的一切都在微軟，不曾有過炒短線的想法。而這二十多年來在微軟的日子，我也深深了解到知錯、認錯、改錯的能力有多重要，這是我們建構人生總合力的基礎。

## 認錯，人生勝負的起點

年輕人因為年輕氣盛，當被指出錯誤之際，往往不肯低頭認錯，甚至寧可離職以對，心想：「大不了辭職，就不用面對這些烏煙瘴氣！」面對問題時，憤然離開固然是一種做法，先抬出「士可殺不可辱」這塊牌匾擋著，擋著一次兩次還可以理直氣壯，次數多了，就會變成沒人要殺你，是你在自殺。

因為你再三顯示出自身缺乏面對錯誤的勇氣，將「認錯」跟「輸」畫上了等號，卻忘了好好思考，認錯才是人生勝負的起始點。

在職場上做錯事，不只影響到自己的職能評價，還會給同事甚至公司帶來麻煩。套句現在流行的話「不怕神一般的對手，只怕豬一般的隊友」，要成為讓人敬佩的神對手很難，需要充分具備硬功夫（Hard skill）與軟實力（Soft Skill），但要把自己拱上豬隊友境界卻非常容易，只需要持續犯錯不知錯、知錯不改錯的行為，不出三個月就可以看到成果。無論在生活與工作上，沒有人會希望身邊有個豬隊友，當然也沒有人立志成為別人眼中的豬隊友。

趁年輕時將智慧的種子種在心田裡，培養出處理錯誤的智慧，日後長成的都是協助自身成功的動力。想想看，在這當下、在這公司就能知道自己做錯了，能夠盡早改正，學習到把事情做對的方法，這就是一種幸運，那代表前輩、主管或公司認為你還有可塑性，願意讓你知道錯在哪裡、提供你改錯的機會，讓你看到自己的缺點，強化處理工作的基本能力。這遠比日後在職場上不斷犯下同樣的錯誤，必須面臨來自主管、客戶、同事的指責，換過一個又一個工作，無法累積自己良好的工作資歷，始終在原地打轉，最後眼看著當初跟自己站在相同人生起跑點的同學或同期的工作夥伴們，在職場上有所成就，自己卻只能扼腕遺憾來得好。

# 自信地走向世界

過去，台灣曾經締造了舉世矚目的經濟奇蹟，位居瑞士洛桑管理學院全球競爭力排行榜前十名之列，但近年來排名卻是節節敗退，二〇一六年更滑落至十四名，二〇一七年與二〇一六年持平，雖是二〇一三年以來的最佳成績，但是近些年，我在不少場合，仍經常被問到這個問題：「Davis，你覺得台灣還有機會嗎？它的機會點在哪裡？」

談論台灣的機會，我坦承地說自己還不夠資格，但我倒是可以提供幾個看法供大家參考。首先，我覺得台灣還是有它的 niche（利基），要打大戰爭、比規模、比市場，光是先天資源就天差地遠，所以台灣未來的路，應該要先檢視看看還有哪些利基，把它找出來，再把投資濃縮集結在那裡，努力去投入、努力去超越，才有可能形塑台灣未來的優勢。

## 投資在長處上，形塑競爭力

二〇一四年，我從台北轉赴北京就職，這幾年來，很多當地人跟我聊天時會說：「啊，你是從台灣來的！」然後開始分享他們造訪台灣的經驗。從他們的嘴裡，也不約而同地講出台灣的美好。

有一個人跟我說，他在高雄旅遊時，有天出了酒店，站在巷子中間照相，猛然回頭才赫然發現很多車子停在他的後面，讓他訝異的是竟然沒有人不客氣地猛按喇叭，他深深覺得台灣是一個好有文明的地方。雖然我個人聽完覺得他只是運氣還不錯。

另外還有一次，我在廣州與一位當地創業的遊戲業者吃飯，那位先生差不多四十出頭，知道我從台灣來，便開心地告訴我他有多喜歡台北，喜歡到幾乎每個月都來台北玩，而台北的好餐廳他也如數家珍，幾乎每家都造訪過。事實上，在大陸瘋台灣的人不少，這就是台灣的軟實力，如何將這項優勢發揮得更大，成為更有效的競爭力，可能就是台灣未來的利基。

有句話說：「人是台灣最美的風景。」就是在傳遞台灣獨特的軟實力。可是關起門來，我們捫心自問，真可以自信滿滿地說就是這樣嗎？我們還能多做點什麼？

八〇年代，我在惠普擔任工程師時，有一次香港工程師來台灣支援，下班後我請他吃飯，閒聊時，我問他：「你第一次來台灣吧？那你覺得台灣的女生怎麼樣？」當時還年輕，自然會談論男生有興趣的話題。

那位香港工程師很誠實地回答：「比較土。」這句評語到現在我仍記得。但不得不承認，一九八六年左右正是港劇、港星風靡全台的年代，香港人比台灣人走在流行前頭，也比較潮。這種情況就像現在我們在大陸，比較北京、上海、廣州、深圳和三、四級城市的人民，是一種時間落差，需要經過時間考驗才能慢慢地扭轉過來。在服務業品質上也是一樣的，台灣在這方面的軟實力還是有利基的。

如果不多專注於台灣軟實力及利基點的投資和發展，只想跟對岸比誰能蓋電腦運算資料中心這一類高耗能、高耗電的大規模投資，台灣是怎麼樣也蓋不贏的。我每次回到北京機場，看到機場大樓的超挑高建築都很有感觸，但是若你認為北京機場的氣派是因為它是首都、是國家的門面，那你就錯了。在大陸，就連二線城市的高鐵也不比北京機場小多少。而在大陸許多二、三線城市的高鐵車站，個個都極其「高大上」，讓人不禁質疑，真的有需要蓋這麼豪華嗎？大陸就是一個「超大」經濟體，他們在硬體有這樣的實力，這一方面台灣是絕對拚不過的，完全沒得比。

但是小而美、精緻的文化底蘊，大陸還很缺，同時他們也很羨慕台灣的文創發展。文化、人民習性深層面並不是光羨慕就可以做得到的，特別是十幾億人都要能夠被影響，沒有個二、三十年是不太可能產生質變的。就像二十年前去大陸，隨處可見亂吐痰的人，二十年過去了，這樣的現象並沒有銷聲匿跡，走在街頭還是會看到有人隨地亂吐痰，雖然真的少了很多。

所以，這種「底蘊」，可以說大陸落後了許多年。台灣如何運用時間優勢，將文化利基拓展到服務業、科技、軟體、創意的高端人才培育上，甚至用更多力氣投資，形塑出國際競爭力，是值得努力的方向。

有人說：「為什麼台灣無法站上國際舞台？不是我們不行，是因為我們沒有自信。」這一點我是認同的。

長久以來，學校教育無形之中讓我們培養了一種習慣：先聽別人怎麼說，然後再看他們怎麼講。所以常常會有一個情況出現：在很多場合裡，包括演講、會議中，台灣人總是最不踴躍舉手表達意見的那一群人。

## 台灣少的不是狼性，而是自信

有一次微軟舉辦了一場高峰會，現場邀請了一位重量級來賓，IDC（International Data Corporation國際數據資訊）的資深VP來進行演講，而整個活動的高潮就是那一場演講。演講結束後，現場聽眾紛紛舉手發問，由於時間不夠，最後只能請大家不要再提問了。

就在那時，有一位公關部門的同事舉手，她是一位來自大陸北方的姑娘，用英文說了一段話，大意是：我不是要問問題，我是要給你下comment（評論）。聽到她這麼說，大家都愣了一下，耳朵立即豎起來，聽她到底要講些什麼。結果內容並沒有什麼亮點，只是觀點不同，好比說她認為未來是technology（科技）大於ＩＴ，因此不該再講ＩＴ，應該改講technology（科技）才對，有點要和台上的ＶＰ辯論的意味。

在我眼中，這位女同事的行為是不太禮貌的，因為台上的ＶＰ不僅資深還有一些年紀，就算不認同她的觀點，還是要給予尊重。由於我們算是挺熟的，會後我跟她聊到這件事情，她也不以為意。我發現基本上大陸人對自己的想法相當有自信，所以遇到觀點不同時，自然比較直接地表達，措詞也是比較沒有經過修飾的。

許多人說大陸因為歷經文化大革命的洗禮，加上高度的競爭意識，所以年輕人比較狼性。在我看來，台灣人也有狼性，看看我們老一輩的創業家們就知道，只不過年輕人小確幸的生活過久了，狼性減少了、被馴化了，導致現在的環境缺少了一股「向上的力量」。我們必須要認清一個事實，台灣就是這麼小，如果一天到晚只想著「台灣優先」，時間一久，真的會變成扶不起的阿斗，台灣就是得走出去。如同空氣是流動的，別擔心人才外流問題，重點是如何創造一個人才願意出去、也願意回來的環境，創造一個可以跟國際接軌的環境，把台灣變成一個國際舞台，好讓年輕人看得到、學得到更寬廣的視野。

我剛到北京上任的時候，公司釋出了一個江蘇總經理的職缺，當時我面試了不少人，印象頗深的是一位在一家知名外商公司擔任事業部總經理級主管的應徵者。總經理這個頭銜不一定代表整個公司最大的官，也有功能性質的總經理、事業群的總經理。

那個女孩子才三十四、五歲，畢業於上海的一家著名大學，是一位高材生。打開她的履歷表，前面兩家小公司的經歷都很快就結束，但到了這家知名外商公司以後，她擔任兩年業務、兩年業務經理、兩年總監，再兩年就是總經理，職涯前後加起來正好十二年。

三十四歲的年紀在台灣職場往往仍被當成基層員工看待，甚至在台灣微軟，我們的資深業務人員都比她年紀大上三、四歲，遑論到經理等級，第一線都要四十幾歲、第二線要五十歲，她才三十四歲就爬上高位不簡單！這種現象在大陸是非常普遍的，尤其那些新創公司的老闆們三十多歲、甚至二十多歲的比比皆是。

## 拓展國際舞台培養更高的視野

在微軟，每一年都會舉辦微軟潛能創意盃 Microsoft Imagine Cup，是全世界最具影響力的學生科技競賽，包含三項競賽與一系列的挑戰賽，鼓勵學生以科技的力量對全世界發揮影響力。在二〇〇三年由比爾·蓋茲創辦，每一年會有不同的主題，主要是科技層面的主題，讓不同國家及地區的大學生組成團隊參加創意競賽，有點像是全球學生的諾貝爾獎，場面十分盛大。

台灣微軟很注重這個國際比賽，所以跟教育部一起合作。當時的教育部長曾志朗還親自下來當 coach（教練），甚至親自帶隊。也因為很重視，台灣連續好幾年在不同的組別都名列前茅，有幸還有一組在嵌入式軟體組類別中奪下世界冠軍，成績斐然。

不過重要的並不只是成績，而是讓這些參賽學生從訓練過程中了解，登上國際舞台競賽時，面對國際評審所要具備的能力是什麼？包括如何學習、適應國際不同的文化、怎麼做好簡報、語文能力、簡報的邏輯等等，這些都需要技巧。在這個全球舞台上，包括台大、清大等好幾所學校的學生都得過名次，表現不俗。

二〇〇七年微軟潛能創意盃由台灣藝術大學、台灣師範大學以及台灣科技大學四位同學組成的台灣代表隊「CIRCLE」，將環境偵測與本次的主題「教育」結合，創造幼兒自我學習發展的互動空間，打敗全球超過兩百件創意短片作品，獲得了「微軟潛能創意盃全球創意短片組」亞軍。而那一年是在韓國舉辦，在頒獎典禮上，台灣代表隊的學生上台領獎時，拿著一只上面貼台灣字樣的皮箱，還有一雙貼著ＴＷ字樣的藍白拖相當吸睛也極富創意，而這個知名的藍白拖事件傳出後，報紙連續刊登了好幾天，使得藍白拖夯了一陣子，甚至賣到缺貨。

所以台灣的年輕學生還是很有創意與競爭力，而微軟只是提供一個讓他們可以盡情發揮的舞台，讓他們有機會參與盛事，開拓國際視野。

## 全球，是你的舞台

「培養國際觀，未來全球是你的舞台！」這句話，我在十一年前就曾說過，到現在依舊經常掛在嘴上。

國際化潮流趨勢銳不可擋，閉關自守只能被邊緣化，就連台灣微軟也還在往國際化的路上走，所以台灣的莘莘學子更須及早準備，擴大自己的舞台。

事實上，相對於香港與新加坡人，台灣離國際化還有一段差距，香港和新加坡人因為英語是他們的第一或第二母語，找工作比台灣人容易，也因為具備國際觀，站在全球的任一舞台都輕鬆自在；不像台灣人，一旦要派到國外，就變成一件極難決定的事。

微軟有一個文化，十分鼓勵員工換個位置做做看。所以每一季，HR跟主管們都會做一個"slate planning"（人才接班養成計畫），鼓勵員工每隔三年到五年做一個職務轉換或調整，不只是升遷而已。這種方式並不僅限於公司內部，也鼓勵跨區。所謂的跨區就是你現在在台灣工作，三、五年後可能轉派到大陸、香港、新加坡或是歐洲、美國工作。微軟非常鼓勵國際跨區工作，主要目的就是要培養有全球視野的人才。

我在北京辦公室的大中華區領導班子之中大多數是外國人，各國語言都有，主要是以英文溝通，在北京微軟的領導階層中，除了我之外，幾乎沒有其他台灣人。再看看美國總部，業務及行銷部門也幾乎沒有台灣人，有的話大都在科研部門。

明明微軟提供了一個很好的平台，為什麼勇於嘗試的台灣人不多？德國人、法國人敢來中國上班，今天換成要你離開台灣，去西班牙、法國工作，你敢嗎？你願意嗎？你認真規劃過嗎？

很多台灣人會覺得：「啊，我講國語好好的，為什麼要講英語？住在這裡很方便，又有美味小吃可以吃，為什麼要離開台灣？」我覺得這是我們台灣人，包括我自己在內很悲哀的地方。我常常有一種感覺：論聰明才智，我們都不輸人，可是上了檯面之後，尤其在跨國公司的高階經理的「場子」裡，不只很少看到台灣人，就算有，相對地「可視度」及表現也不會過於突顯出來，令人感慨。

儘管微軟內部給了這麼多轉調的機制，鼓勵員工跨區工作，可是台灣人真的願意走出去的很少；基本上科研部門的人最多，業務及行銷部門少之又少，這固然與我們的傳統文化有關，也跟自信心有關。當然，更取決於你是否具備國際能力，畢竟，有能力的人，到哪裡都一樣能發揮。

語言障礙、文化隔閡，是一般人常遇到的問題。以我為例，我的英文不算差，基本上溝通沒問題，可以馬上轉換成英文思考模式，跟老外嘰哩呱啦地講，然而跟以英文為母語的老外比，還是輸了一截。事實上，這讓從中學開始就常被誇獎英文能力很好的我，很沒有信心。

一直以來，自信也是我的罩門，我經過長久的時間才漸漸克服這個弱點。職場如戰場，溫良恭儉讓是一種美德，但在國際化的高階經理人圈圈中卻一點幫助也沒有，而當英文成了我不得不使用的工作利器，信心也就慢慢建立出來。

不過，就像我之前強調的，會講英文跟有沒有信心是兩回事，台灣隨便一個成年人，只要有高中畢業的學歷，一定讀過六年的英文。語言有什麼難的？為什麼你會講國語、台語，有人專門教嗎？你有專門學嗎？這是天生就會的，常常聽就聽得懂。

語言就是這樣，重複又重複，一如在前面〈打破語言的關卡〉章節提過的。

有了自信心就會積極進取，信心是很重要的關鍵，信心不足的人會把自己縮得越來越小，對新的改變與創新也越來越畏懼。但是，台灣市場小，受到先天限制，必須往外擴展。全球人口最多的三個國家中：大陸十三億人、印度十一億、美國三億人，光是他們的資優生加起來，就比台灣的孩子多；可預見的，大陸很快會成為全球最多說英語人口的國家，我們的確該思考：未來，我們的孩子要到哪裡找工作？要跟什麼樣的人競爭？

身為一個跨國企業的經理人，我常自問：要如何讓台灣這樣一個國際分公司，走出更大的一片天？而我認為最大的重點莫過於培養員工的國際競爭能力和國際觀；為什麼國際觀如此重要？在跨國企業工作常常需要跨國出差旅行，所以如何讓台灣國際化、與國際接軌，是我很看重的努力方向。

我們常聽人說要有國際觀，但並不是多出國、多看新聞、學好英文就能培養國際觀。大前研一給了國際觀一個清楚的定義：「知道世界發生什麼事，並且對這些事有提出觀點的能力。」

換句話說，當我們持續累積國際常識時，才會知道世界發生什麼事、具有什麼意義，進而去思考它與自己的關係、帶來什麼衝擊，因此才能善用自己的優勢提早因應，循著一個寬廣的方向，持續充實、預備自己，在需要的時候順利與國際接軌，不致脫節！

只要找到適當的方法，信心是可以被訓練出來的，我衷心期許新一代的年輕人可以突破現況，走出舒適圈。

# 君子不器

只要曾經造訪過我以前的辦公室的人，大概都會對懸掛在牆上的「君子不器」字畫印象深刻，甚至還會好奇地問我：「這句話有什麼樣的特殊涵意？」我都會給一個標準答案：「這是我的座右銘。」可以說，「君子不器」是我奉為圭臬的職場守則。

## 職場需要多元化的能力

我在前面提過，一九九五年，我進入微軟工作，在二〇〇七年以前的十二年中，一共換了十個職位，而且每一次變換的部門功能差異很大，從經銷通路、產品行銷、技術支援、顧問服務、業務管理……到整體營運行銷，在這些異動中有好幾次都是臨危授命，接手一個有問題或處於危機狀態下的團隊，扮演「救火隊」的角色。

我說這些並不是要強調自己的戰功或是豐功偉業，只是想跟大家分享一個觀念：職場上需要的能力是很多元的，你不必為了自己在某項專業上不夠頂尖而自卑，更重要的是，你能不能擁有更強大的變革適應能力。

這也是為什麼我很喜歡孔子《論語》為政篇裡的這句話：「君子不器」甚至拿來作自己的座右銘，更常以「君子不器」、「得道多助」來勉勵公司裡的員工。

從字面上來解釋，它的意思是，君子不像器皿一樣，僅僅只有一種特定的用途。一個有競爭力的職場人必須是有彈性、能接受不同挑戰的人，以免一旦領域稍有變更、境遇稍有變化，其專長技能就失去了「用武之地」，劃地自限地認為自己只能做某一種工作、扮演某一種角色。

那麼，想在職場上做到「君子不器」，並擁有強大的變革適應能力，又該怎麼做？

## 培養硬實力之外，還要 T 型發展

每個人都有所謂的 Hard Skill（硬實力），好比說我是工程師出身，我懂得什麼是作業系統、當電腦當掉時，可能是什麼原因所造成……這些林林總總的知識技術，都是屬於硬實力的範疇。同樣地，公關人員就該要有公關的硬實力、行政人員也要有行政人員的硬實力，無論是哪一個職位所對應的硬實力都得做到專業，這是基本外，還要努力做到出類拔萃。像是電腦當掉了，別人解決不了，一換成你去就迎刃而解，或者是在做專案時，程式寫了一堆還不能正常運作，你簡單改一改就ＯＫ了……

除了領域內的 hard skill（硬實力）要磨到發光發熱的程度，跨領域的 hard skill（硬實力）也很重要。假設今天你是負責資料庫技術支援工程師，對資料庫十分嫻熟，但講到作業系統時卻一竅不通，還推得一乾二淨，「這是誰誰誰負責的，不是我負責的，這不關我的事！」這種工程師在職場中絕對難出頭。

最好的工程師其實是「T型工程師」，就像管理上講T型領導，「—」代表有廣泛的知識能力，「|」代表有知識深度。工程師也要有T型特質，我認為每個人都該想辦法變成「T型人才」，也就是要成為既有較深的專業知識，又有廣博知識的複合型人才。

舉工程師例子來說，假設我是負責在SQL資料庫支援的工程師，對於資料庫有深入的了解，不僅是運行在不同作業系統環境下的技術精通，而且還熟悉不同環境的軟體開發工具及環境，所有資料庫相關聯的電腦的疑難雜症都難不倒我，就可以說我是T型工程師。在電腦技術領域，我們常把工程師的能力區分等級，從level 一百到level 四百。level 一百就是只能動嘴巴用說的，講一些基本知識；level 兩百是有能講還可以回答進一步的問題，有時還可以教人家的；level 三百就是能解決比較艱深複雜的難題，level 四百則是能夠頂級攻頂，有能力去解決一百、兩百、三百的人都解決不了的問題，成為大家的"go-to"person（有事就會找的人）。那麼，你一定至少要有一樣領域的能力達到三百、四百，有些能力兩百、有的能力一百。這樣的道理，用在業務、行銷及領導管理都是通用的。

所以一定要保持學習、自我成長，這是有交互作用的。

## 軟實力是決定職場勝出的關鍵

Soft Skill（軟實力）簡單來說，就是學習做人做事的一個方法，學習如何與他人 team work（團隊合作），並努力培養自身的 growth mindset（成長型思維）及同理心等等。這個道理看似淺顯易懂，但是卻沒有人會替年輕人把這個道理梳理好，我會在牆壁上掛「君子不器」，就是希望它能夠時時給予自己提醒。因為軟實力是職場極重視的一環，也是贏在未來的關鍵能力，特別對重視硬實力的工作人而言，決戰職場最重要的關鍵，是最貼近人心的軟實力。你的軟實力決定未來你是否能夠走一條更長遠更寬廣的路。

假設你是一個工程師，在一家企業一路成長，一輩子都幹工程師也不是不行，在台灣微軟裡就有一個非常厲害的工程顧問，因為尊重他的專業，所以他的層級一路升高到跟我下面的一級主管層級幾乎一樣，唯一的差別在於他沒有團隊，他不做人的管理。當然，這是一種選擇，你也可以效法，不過前提是，那種人通常有特殊能力，厲害到沒有人可以取代，在選擇走那條路之前，你得想想你是否擁有那樣的才氣跟才華，甚至到無可取代的地步？

老實說，我就沒有這樣的天分，所以我就去培養一些其他的能力，語言就是其中的一種。在外商公司，若是英文講不通，沒辦法跟老外對答如流又有幹勁，要爬升到頂層做大官的機會可以說是微乎其微，特別是在跨區域總部的工作環境，講起英語畏畏縮縮、結結巴巴的，通常你的職業生涯可能只能侷限在台灣了。由於常常得要對外簡報，如果你的英文不給力，又缺乏「簡報力」（presentation power），很可能開口沒兩次就會被別人畫上叉叉：「這個人沒有 right business acumen（正確的商業敏銳度），沒有 leadership presence（領導者風範）。」台灣人常在外企裡因語言上吃了大虧。當然，簡報技巧是可以練習的，有沒有人提點、教你，結果真的會差很多，重點是：「望不似人君」，絕對不是因為長相、身材，而是氣勢、語言表達能力、對專業的深入洞察力及對文化的認知有待加強。

## 踏出舒適圈勇於學習

有了 hard skill 跟 sof tskill，還想要做到「君子不器」，必須踏出舒適圈，勇於學習，接受新的挑戰、新的嘗試。

一九八六年退伍後沒多久，我有幸進入台灣惠普，我在裡面當了五年工程師。起初我只打算做個兩年，兩年後再去美國進修拿個學位，後來實際在惠普工作以後，非常能適應那邊的環境，而進公司不到三個月的時間，就被派去美國受訓。公司就在史丹佛大學的旁邊，那段日子相當如魚得水，不僅充分感受到美國文化的洗禮，也因生活過得太安逸，幾個月回來後，體重直線上升，胖到褲子拉到一半，得用皮帶綁起來，要不然就會掉下去！

從美國受訓回來之後，我還是兢兢業業地工作著，但整個人意志上就發懶了，加上惠普是間超人性化的公司，環境和福利非常好，完全把公司當家的我自然就更捨不得離開，就這樣一直做，做到三十歲。而真正開始對職涯轉換有蠢蠢欲動的念頭，結婚可說是一個重要的轉捩點，那時的想法是：我是不是應該要轉去尋求新的夢想，再努力去突破？轉做業務，就成了一個選擇。

我的個性相對保守，做事情常常瞻前顧後、謀定而後動，然而人有時候會意外跳 tone，我差不多在三十歲換工作，而離開惠普可以說是事前規劃好的。

在那個年代，外商電腦公司在銷售及服務團隊方面基本上有三大類員工：一種是業務、再來是System Engineer（SE，軟體系統工程師），最後是CE，所謂的「客服技術支援工程師」（Customer Engineer）。那時候能夠在科技業當sales可說是無比的榮耀，特別是重視業務的外商，每一個業務走出來全是西裝革履的模樣，不僅福利最好、在職訓練也最好。至於系統工程師（SE）是另一種等級的，他們不用做黑手，工作就是灌軟體、改程式、導入ERP。補充一個冷知識，三十多年前ERP並不叫ERP，在惠普叫做MM（MRP），後來才發展成為今日大家熟悉的ERP。

而我當時在惠普的工作就是客服技術支援工程師，工作內容涵蓋了電腦交貨、裝機設置。其中也要做像是灌軟體、建立系統。但當電腦當機時，就算是半夜，也不能賴在被窩裡，要趕忙把機器救起來，就連要跟中華電信連線，網路不通、客戶使用不滿意等雜七雜八的事情，通通都要管。這三種職務相較之下，實際上，客服技術支援工程師的地位相對地低一些。

在客服技術支援工程師磨鍊了一陣子後我便想去當業務，因為太喜歡惠普，當時並沒有考慮要離開，只想以內部轉調的方式，拓展新的職場人生。沒想到，那些年惠普業績不佳，人事凍結，我的老闆跟我說別的單位沒有職缺，叫我等看看。在他的勸說下，我等了一年，當中他們錄取了八個有ＭＢＡ背景的業務，全部都是美國回來的，當時我心裡很不是滋味，有一種「寧與外人，不給家奴」的難平之氣，這件事也是後來我會毅然離開惠普的原因之一。

心灰意冷之餘，有天我隨意翻閱報紙，看到ＩＢＭ在徵”Marketing Representative”（業務代表）的訊息，我對於這個職務一無所知，就私下拜託一個熟識的秘書幫我打履歷寄去，意外地，面試竟然上了。對於這個結果我很訝異，因為ＩＢＭ素來不找有經驗的應徵者，傾向找剛從學校畢業的社會新鮮人，或者是有ＭＢＡ學位的，我真的非常幸運。

## 事前充分準備等待機會並創造機會

對於轉職，其實我早在一年前就開始準備了，當老闆告知我沒位置時，我並不是呆呆地待在原地等候，而是出來競選員工福利委員會主席，非常認真地投入，最後也順利高票當選。除了用心經營福委會，我更把整個福委當成一個團隊、一個舞台，目的就是為了要增加曝光，甚至為了早點熟悉業務的工作業務，我在客戶的銷售會議裡，自願幫忙業務準備簡報。

還記得有一次有位客戶詢問路由器建置，我便主動向他簡報，應該要怎麼建置、買什麼配件……這些原本都是業務的工作，但那一整年，我卻願意多花時間做這些事情，甚至做到客戶都好奇地詢問我是不是業務？怎麼會這麼了解業務的工作？因為，我做好了萬全的準備，這對我後來去ＩＢＭ也是相當有幫助的。

所以，有時候你非得逼自己去做，甚至做得刻意才能抓住機會，機會不會天天等著你，你自己要想辦法去創造、去爭取。

## 你選擇面對？還是逃避？

對於天生個性保守內向的人來說，「君子不器」也是破除他們常有的「害怕衝突」與「不求表現」的處世良藥。就如同我前面分享的「君子不器」，若不想像器皿一樣，只有一種用途，關鍵就在於要如何開放心胸接觸不同事物，願意做新的嘗試，冒相對可控制的風險。有了各種的「器」，想要再進一步晉升到「得道者多助」層次，就要知道「道」是思考、溝通、品格融會貫通、舉一反三這幾種能力，當你得「道」又能「君子不器」，自然能夠比更多人擁有更多機會，得到貴人相助。

所以，保守及內向不見得都是缺點，關鍵在於遇到困難時你是面對還是逃避。當每一個人都能在職場磨礪時，若能將這個上天的禮物當作性格的潤滑劑，相信不僅能從中獲得能量，還能在事業的頂峰學會謙遜，看見更廣闊的風景。

# 人生三要事

這幾年在網路上很流行「人生一定要有……」的說法，例如人生一定要有的幾種朋友、人生一定要去的地方、人生在幾歲前一定要做的事情……等等。

女兒讀大三時曾經申請到德國去交換學生，在她出國前，我們父女倆照例在假日一起去跑步。

## 與父母截然不同的個性

游泳、跑步、打球都是我喜歡的運動，運動過後，讓肌肉產生疼痛感的乳酸會大量堆積，乳酸傳導到中樞神經，會刺激腦內啡分泌，身體就會感覺很舒服、很快樂，加上跑步有所謂的「跑者的愉悅感」，導致我突然感性起來，有感而發地想跟寶貝女兒分享一些自己的想法。當時我大概做了四、五年的總經理，事業發展得十分順利，但也許是工作久了，心態上有些倦勤，回想起自己的工作歷程看似光鮮亮麗，是許多人眼中的「人生勝利組」，但我始終覺得有些遺憾，就藉此機會「提點」女兒一下。

當我們父女倆跑到山丘頂端準備要折返時，我開口了：「妳覺得妳老爸混得怎麼樣？」問這句話時，口氣看似不在意，其實心裡有點忐忑。

「還不錯啊！是人生勝利組。」女兒回答得非常輕鬆。事實上她幾乎不太會讚美自己的老爸，給一句：「還不錯」就算是很了不起的稱讚了。

我接著問她：「那妳是怎麼定義人生勝利組？」過去因為工作繁忙，我鮮少有時間可以與女兒相處，隨著年歲漸長，心中還是挺在意自己在寶貝女兒心中的分量與價值，到底她是如何看待老爸在事業上的成就？

「喔、是啊，我知道啊……」女兒以一種年輕人慣有的隨興方式回應，如果是用即時通訊軟體，大概就是丟一張貼圖過來的意思。

「不過，我倒是要提醒妳一點，其實我觀察妳很久了，雖然妳養成了不少不好的習慣，像是房間、桌面總是有點亂……所以我一天到晚念妳，不過我要跟妳說，我很羨慕妳。」

「羨慕我什麼？」

「羨慕妳跟我還有妳老媽都不一樣，妳完全沒有遺傳到我們的缺點，真的恭喜妳。如果妳和我們一樣，我會覺得妳很可惜，我不要妳跟我一樣。」

我跟太太的個性是一樣的，從小因為家裡的環境不好，養成了過度「嚴以律己」的個性，常常勉強自己去附和社會或「別人」的期望及價值觀。

我是個相當重細節的人，不論是辦公室或家裡，每一樣東西都收納得整整齊齊，幾乎到了強迫症的地步。反觀女兒這一點跟我們夫妻非常不像，她是隨意派，她的桌子永遠都是雜亂無章，不過也正因為她自己有一套整理自己房間的邏輯，討厭我們插手整理她的房間，雖然如此，她做起事來卻是效率極高。

## 人生的價值不在薪水高低，而在平衡

「妹妹，妳老爸看似妳眼中的人生勝利組，可是我的人生有很多缺憾。我覺得人生中有三件事很重要，都是妳懂的，趁妳出國前，我想再講一遍跟妳分享。」

我想跟女兒強調的真的是發自內心的肺腑之言：走過大半人生，當你回頭省思，人生其實並不只在於薪水及成就的高低，更重要的是，我們如何要讓自己更能「活在當下」，同時也能活得更精采一些、更「適性」一些，讓人生有個較好的平衡。

## 有知心朋友是人生一大樂事

「第一件事，一定要交一些朋友。除了工作上的朋友，還要有生活上的朋友，甚至是一輩子的朋友。」像我工作這麼忙，連吃飯都很趕，每天一個行程卡一個行程的，根本沒時間交朋友，也幾乎沒有工作以外的世界，朋友大都是工作上認識的。

「外面的朋友是要交陪（台語）的，是要花時間經營的。妳現在工作上及生活上的朋友及好同學不少，我希望妳踏入職場後，在工作場合以外仍要擁有自己的朋友；而如果妳有幾個一輩子的朋友的話，那真的很幸運，一定要保持下去，不要放棄。」

## 培養自己的興趣

第二件事就是希望她能培養幾個工作以外的興趣。「這些興趣是能夠伴隨妳一生的，像老爸現在除了逛書店閱讀以外，什麼興趣都沒有，退休後怕自己無聊到掛掉，所以到了現在還不敢退休，很可憐。」在年輕時應該培養一些真正的興趣，老年來臨時，雖然不能再做什麼轟轟烈烈的大事，卻可以陶醉在自己的興趣裡。

初出社會工作的前三年是培養興趣的黃金時機，這時工作較輕鬆，通常還沒有家庭的重擔在身上，生活上也有更多的餘裕。很多人趁這機會去發掘新的興趣，例如登山健行、打球、唱歌、聽音樂會或演唱會、烹飪等等。職場新鮮人的優勢在於擁有比較多的朋友，他們願意及能夠花時間和你一起嘗試，利益衝突也少，等到大家都工作繁忙並擁有自己的家庭時就沒有這種自由度了。

有一位朋友年輕時看了很多關於「如何成功」的書籍，剛出來工作的頭十年，全副精力都花在如何建立人際網路和拚命工作上，到了他開始在某個行業小有名氣的時候，才發現自己的生活很苦悶，空閒時間只會坐在沙發上看電視。更糟的是他發現自己的人際關係愈來愈差，因為每次同事或朋友談起體育、藝術、電影、品酒、美食、旅遊、閱讀等任何工作以外的話題時，他都一竅不通，別人也開始沒興趣找他閒聊。

我在當總經理時，工作之餘去學習品酒，強迫自己學習新東西，在有些社交場合之中，當初學到的品酒知識也派上了用場。以日本清酒來說，我可以說是半個專家，紅酒則略知皮毛，不過這算是新培養出來的「工作技能」，不太能算是興趣，而這個工作技能有助於融入人際關係、拉近話題。有時候，興趣的來源及培養並不只限於生活，工作也能夠培養出技能，也可能在過程中讓你漸漸喜歡上它。就像不少人打高爾夫球，一開始是為了社交，打久了之後就發現，這是一項不錯的運動，打完後身心舒暢，十分紓壓。

總而言之，要培養興趣絕對不能抱持功利主義或是急進，否則只會弄巧反拙。能在工作之餘從事一些自己真正喜歡並能伴隨一生的興趣，除了給你一個好的 work-life balance（工作與生活平衡），也能令你成為一個受歡迎的人，一舉兩得，何樂而不為呢？

## 選擇一個「比較喜歡」的工作

「第三件事，就是挑工作時，若妳能挑一個自己真正有興趣的工作，那很好。世界上很難有完美的工作，所以我常建議年輕人在挑選工作時，『比較喜歡』的工作就可以考慮。如果妳夠幸運，找到的工作恰好接近妳的興趣，那真的要恭喜妳了。

「妳看妳老爸，我所從事的工作大部分都沒有那麼喜歡，甚至有些還滿不喜歡的，但我就一直做到現在，妳一定覺得我很奇怪對不對？不喜歡的話就不要做嘛！也許妳不能理解，我這年代的男人，習慣了所謂的『吃苦當吃補』，盡力甚至勉強自己做『符合社會及他人期望』的事，往往邊做邊哀嘆，然後在職場上得到主管的肯定與讚美就很開心了，覺得平衡了，但這種成就感也只有一下下。」我趁機跟女兒吐了一點苦水：「別人看我當總經理，搞不好會覺得我混得不錯，出門有黑頭車接送，前呼後擁，常常出國開會……但是這一切都得付出很大的代價，犧牲了家庭、生活、興趣、交友的品質。」

所以，我希望女兒以後不用像我那樣生活、工作，雖然她很幸運地不必因為經濟壓力綁得死死的，我希望她這輩子能夠過一個有品質又有尊嚴的生活，而且能更「適性」地「活在當下」。而做到這三點，人生就能更完滿。

## 別活在任何人的期望裡

很多人都知道要選擇一個自己比較喜歡的工作卻做不到，那是因為每個人都有他的罩門。就像馬斯洛的需求層次理論，最底層一定是生理需求的滿足，一直要到最高層才有可能論及自我實現的滿足。

在我成長的那個年代，求生存是第一要務，除此之外，父母、師長也教育我們，要做個有出息、可以光耀門楣的人，這真的是一種奇特的「菁英主義」。想想看，我們從小到大不知聽了多少遍「某某老闆小時候家貧，靠著多年刻苦用功終於變成大富豪」之類的勵志故事，使得我們從小被要求考上明星學校和熱門科系，在社會上扮演菁英的角色。大人也會告訴我們，在求學的過程中愈辛苦，「以後」嚐到的果實更甜美。

我是一個矛盾的人，深受上一代的價值觀影響，但是當我看到這一代的年輕人很不一樣的價值取向和不同的優先取捨，又渴望過那樣的人生。

舉例來說，雖然我現在的收入不錯，但一台三、四萬元的錄影機，我忍了十六年才買下。其實女兒剛出生時我就有想買的念頭，又覺得一年只拍一、兩次，很浪費，直到女兒上高中，當了樂隊隊長，才決定買台錄影機，留下她美好的影像，那時還是智慧型手機不是很流行的年代。說起來好笑，有時請一群朋友吃一餐飯就不止這些錢了。有趣的是，我常在公司停車場看到基層員工的車比高階經理人的還好，雙B儼然是國民車，Porsche、Maserati也不算太稀奇。

二〇〇〇年我買了一輛進口車，卻遲遲不敢開回老家，後來開回家也謊稱是公司的車。我媽媽是個很節省的人，我們家的餐桌椅是我十歲的時候買的、家裡舊式碗櫥中的碗公從我小學四年級用到現在。當我看到八十多歲的媽媽，還堅持一個人拄著枴杖坐公車去醫院做復健，怎麼好意思把進口車開回家呢？

這種矛盾的性格也讓我成為很「ㄍㄧㄥ」的人，明明喜歡文史，大學卻念了電機系；明明個性溫吞、經常懷舊，卻又在作風積極、充滿挑戰性的外商公司當專業經理人。

我在儉樸的環境下長大，而且我的人生已經走到這裡了，倘若這時候要回頭，甚至改變自己，率性地活，其實是有點難度的。但我心中不免也會有個念頭一閃而過：我的人生已經到達某個階段了，搞不好哪一天就想開了、放得下了，不必再一天到晚活在別人的期望裡，能夠瀟脫地說：「我不玩了！」把剩下的時間用來做一些對自己、對生命或是別人有貢獻的事情，當然這又是另外一個階段的課題了。

「望子成龍、望女成鳳」是一般人的心理，父母做不到的，當然會希望孩子完成，好比說我女兒的數理很好，微積分考九十幾分，我就完全做不到。即使她有這樣的天賦，我也絕對不想要求女兒有一天要成為人生勝利組，因為這樣的生活品質不見得比較好。

女兒之前選擇大學科系時，我跟她分享：「從我的工作經驗來說，到一個不喜歡的地方要再轉出去，本來就很辛苦，等於路走歪了再拉回來。」同時我也不斷拋出一堆問題，像是：「妳為什麼要念這個科系？」、「念這科系跟妳將來想做的事有什麼關係？」然後再回頭跟她解釋為什麼要問這些問題，希望幫她釐清自己心中真正的想法。

我誠實地告訴女兒對她的期望：「不管成不成功，人生有這三件事就很棒了！重點是，因為我三樣都沒有，所以我只希望妳能做到這三件事，不要跟我一樣三項都沒有。」

幸福、快樂是什麼，答案如人飲水，冷暖自知。也因為這樣，我希望女兒可以活得更自在，不需要讀很好的學校（當然好學校也不用排斥，哈哈），卻有很好的生活品質和生命價值、活在當下，人生的道路很長，不需要時時和別人競賽，一較長短。

# 江山代有才人出

唸大學的時候，我有一個很要好的同學，他的爸爸是個很能幹的生意人，經營了六家有歌星駐唱的西餐廳，八〇年初期，是歌廳秀、餐廳秀最興盛的時期，現在四十五到六十五歲左右的人應該都還印象深刻。那時候同學的爸爸就已是餐飲界一號重要人物，在進口車很稀奇的年代，就以賓士車代步，而他便是我在自序裡所提到的那一位長輩。

## 機會到來前先準備

記得退伍前夕，有天休假時我去那位同學家找他敘舊，剛好有機會跟他父親聊聊天，忍不住發了一點小牢騷，說很難找到理想的工作，甚至還埋怨時機夕夕，他們那個時代的機會說不定比我們多很多，好機會好像全被佔走了……

這位長輩耐心地聽我發完牢騷後，語重心長地看著我說：「你知道嗎？我來台北打拚時，可是從飯店門僮做起，當初剛來台北，人海茫茫，沒有任何背景，看不清人生的方向，也沒人教，全靠自己一路奮鬥，才做到今天的規模。你不要那麼悲觀，『一枝草、一點露』，天無絕人之路，每個人都有自己的機會，只是你要準備好，機會來了才能抓住它。」

這麼多年過去了，我依舊清楚記得那位伯父對我說過的話。

當完兵後沒多久，我順利進入了惠普工作、又轉職到ＩＢＭ當業務。當業務的過程就如我之前所擔心的，由於沒有業務實戰經驗，結果不如預期，坐了好長一段時間的冷板凳。中間我也曾想要放棄，仍然忍了下來。之後我咬著牙苦撐，持續學習與累積經驗，一直到第三年，機會才真正來了。

當時，我們想努力守住一個很大的行庫客戶，並同時爭取一個金額龐大的新一代分行建置案，可是對方並不是很願意買ＩＢＭ的帳，甚至準備更全面地把ＩＢＭ的生意都轉給其他系統整合商來做。公司接連派出好幾個「一軍」等級的業務菁英，始終無法攻下這座山頭。而我非常幸運，遇到一個很好的主管，她大膽起用了我這個「板凳球員」，這是我「逆轉勝」的開端。

還記得我第一次跟著主管去向客戶打招呼時，那位客戶主管還揶揄地說：「嗄？又換人了嗎？」接著便不耐煩地打發我們走人；即便如此，我依舊不放棄，又再三去拜訪，對方卻連正眼都不看我一眼，只是冷冷丟下一句：「跟你們講話，是火星撞月球啦！」我一開始滿頭霧水，後來才明白，他的意思是，跟我們公司對話根本是風馬牛不相及，不需要溝通。

一般人聽到這句話也許會火冒三丈，想說：「你有什麼了不起！大不了不做你們的生意！」但在抽絲剝繭後，我才發現真正的癥結點所在。原來那個客戶的主事人員覺得ＩＢＭ這種知名外商很會端架子，給人一種高高在上的距離感。為了扭轉他們的看法，我把姿態壓低，希望他們再給我們一個機會。每天早上不到八點，我就到他們公司報到，一連在那裡「蹲點」六個月，認真地跟每一個人搏感情，上至主管下至工友，都能聊上幾句。我相信那段時間裡，他們看到我持續不懈的努力，扭轉了他們對ＩＢＭ的刻板印象。除了努力，我也充分地發揮了同理心，漸漸地開始累積正面能量，事情有了質變，這家公司挺ＩＢＭ的聲音變多了，就連當初最反對ＩＢＭ的那位主管，即使不願意馬上改變立場，但他竟然開口承諾：「看在你的份上，我開會時不開口就是了。」

最後，我成功地攻下了這個讓大家長時間束手無策的大客戶，從板凳球員成功躋身一軍行列。

這個轉捩點讓我學會一件事：知識、技能這些「硬功夫」固然重要，但真正能讓你在職涯路上受用無窮的，是態度、溝通、人際關係的「軟實力」。

現在的我看似在事業上有所成，其實算是「大器晚成」，而非少年得志。我在惠普基層做了五年多，在ＩＢＭ待了將近四年的時間，也是在最基層。我進微軟前幾年，在一九九九年之前擔任產品經理、市場行銷經理，也都是基層。算一算，我在基層做了十多年，一直到一九九八年下旬，才開始有機會帶領小團隊。不過，很神奇地，之後我每一到二年就升遷，也許可以說是時來運轉，但是人有無限潛力，你的特點往往會在某個時間點中展現、發揮出來，只是在此之前，你必須要熬，因為沒有人知道，時機點究竟何時會來。

**個性決定命運，你會選擇哪一條路，其實和個性脫離不了關係。然而真正的幸運是，當機會來臨時，你剛好也準備好了，所以與其埋怨環境不好，何不好好儲備將來能派上用場的即戰力？**

## 我還能多做些什麼？

二〇〇七年，在我升任台灣微軟總經理的時候，有媒體問我：「你是否早就立定志向，將來要成為總經理？」當時我吹牛地說，我當業務的時候就想好，將來要當總經理。可是說實在話，當時我並沒有想將來真的要當一位大型外商公司的總經理。

我還記得一九八六年退伍後，我北上打拚，與其他二位同樣從中南部上來的大男生一起在公館水源路租屋，每個月的房屋租金約折合新台幣六千元。

當時我在惠普公司擔任工程師，負責維護電腦系統。有一天我遇到一位「同梯」做業務的朋友，忍不住問他：「你為什麼要做業務？壓力這麼大，生活不難過嗎？」沒想到他很有志氣地對我說：「因為我未來要做總經理呀！雖然我每天還沒起床前，滿腦子就在想著業績的壓力，但這是必經過程……」當時我心想：「做總經理哪有這麼容易？隨便說說而已吧？那是不可能的事啦！更何況每天過著高壓的日子，沒有生活品質，值得嗎？」

五年以後，等到自己真的做了業務，有時心裡也是會閃過一絲念頭，心想：「大部分公司的總經理都是做業務出身的，雖然不知將來是不是能夠做得到，至少我有機會吧？」說實話，距離後來當上總經理，真的還是很遙遠的十五年後的事。

一九九五年我加入微軟開始擔任產品經理，整個部門的工作步調是「九一一」，每天「至少」加班工作到晚上十一點，週六、日也是帶著家人到公司上全天班，三年如一日，做得拚死拚活！後來我決定不要再過這樣的人生，於是便轉去做技術服務部的經理，當時的想法是覺得自己的人生已經算是夠圓滿了。那一年是我來微軟的第四年，手上有一些股票，雖然不多，但對當時的生活來說已經很夠用了。

轉調去帶技術服務團隊是背著我的前主管黃先生偷偷運作，它是工程師單位，算是我熟悉的本業，對我而言，工作是很輕鬆的。黃先生知道我的個性，一開始就放任著我「偏安」，但沒多久又派我去救火。說真的，在我的職涯中若沒有像「嚴師」一般的他不斷鞭策、帶領我，其實我的個性相當「溫良恭儉讓」，在英雄輩出的微軟算是異數。黃先生每天只睡三、四小時，在「每天不管醒著或睡著，你都知道長官還在上班工作」的壓力驅策下，我一點都不敢鬆懈。十幾年前，媒體就給黃先生冠上「刀口上舔血的男人」的封號，在這樣的長官手下工作，反而意外地讓我有更多磨鍊和成長的機會。

二〇〇二年，黃先生要求我轉去擔任 marketing director（行銷總監），當時我正在大型企業做業務的頭，工作得心應手，因此非常不願意，一直想辦法推託。後來他發現我拖拖拉拉，便使出激將法：「Davis，如果你不來的話，我就換找×××進來。」他找的那個人恰好是我有私交的好友，本身工作能力非常強，是個絕頂聰明的人，但要是「他」接下這個職位會讓我的工作非常辛苦。因此，在幾番思量下，我還是答應他了。

正因他認識我太久，了解我這個人的個性就是「吃硬不吃軟」，非要刺激一下才會動。而弔詭的是，從我開始有想過輕鬆生活的念頭後，每一年的工作都在變動，每隔一、兩年就「被」轉調職務，二〇〇五年升任營運長後，我負責把出了問題的公司營運重新翻轉過來，過了十八個月臥薪嘗膽、等待「真除」（正式上任）的日子。

終於在進微軟十二年後，我升任台灣微軟總經理，在我的「精心規劃」

及「堅持」下，營運長加上總經理的工作，總共做了八年半，應該已破了台灣微軟的紀錄。而過往的一切似乎歷歷在目，當我回想當時的情境，赫然發現原本以為遙不可及的目標，不知不覺地竟然就達成了。

在擔任微軟營運長那段期間，我特地在辦公室掛了一個"What can be"的自我鞭策口號，時時提醒自己去思考：「我還能多做些什麼？」

相較於其他市場，台灣市場「小而美」，在不論規模大小的情況下，我希望自己可以能夠帶領台灣微軟創造出更多典範案例，讓其他國家取經。至於業績目標，則是希望台灣微軟每一年的成長率可以比軟體產業的平均成長率多一倍。

我很努力再加上一點運氣，在擔任台灣總經理期間，我獲得微軟總部所頒發的「最佳表現分公司」殊榮，而且幾乎每年都保持第一或第二的成績，當初許下的願望也一一實現。

二〇一四年，我前往中國大陸擔任微軟大中華區副總裁暨中國區業務總經理，這原不在我的人生規劃之中，當時的處境有點像是「騎虎難下」，究竟人生為什麼會變成這樣，說實在的，我真的沒有預料到。

## 莫忘初衷

回顧過往的職涯，我扮演了不少次救火隊的角色，運氣也很好，每一次都順利救火。這並不是因為我特別聰明，而是有這樣的特質：事情交付予我，我就拚命去做，我會不停地自我鞭策，做到「你做事，我放心」。

可惜的是，台灣的教育向來並不重視生涯探索和規劃，許多人根本不知道自己到底喜歡什麼、想做什麼，從學校渾渾噩噩地畢業了，再渾渾噩噩地進入社會，接著成家、生子，花費了十年、二十年的時間做自己其實不擅長也不喜歡的事，然後某一天猛然醒悟時卻發現自己已不再年輕，也沒有太多籌碼可以為人生翻盤了。

所謂時勢造英雄，很多人崛起的確是因為「時也運也命也」，但是，如果你一開始就否定自己，認為「那個人不會是我」而不願付諸行動，那麼即使機會到了眼前，你也無法抓住它！其實所有出類拔萃的人物都曾在生涯的十字路口徘徊過，他們也並非一開始就能找到自己的人生方向；他們跟你一樣年輕的時候，也許曾選錯方向；更重要的是，他們在職場上，也並不是一開始就能大鳴大放。因此，若你已有明確的目標，要清楚知道必須做哪些事才有可能讓你達到目標，哪些事一定要堅持下去。有句話是這麼說的：「**所謂的幸運就是，當機會來臨時，你剛好準備好了。**」正是此理。

近來台灣就業市場低迷，我常聽年輕人用一種「明天沒有希望」的口氣抱怨大環境很差，花了這麼多年的時間求學，出社會後卻只能領到二十二K的微薄薪水。但在抱怨前你是否有想想，包含台灣在內，全世界都可能是你落腳的地方？所以這是心態問題，如果能夠有這樣的正向心態，你就不會怨天尤人。

「一枝草一點露」這句我老媽從小就常常跟我講的，「農業社會賺食人」的道理，天無絕人之路，你努力就有機會，有什麼因就有什麼果，要怎麼收穫就先要怎麼栽，都是再簡單不過的道理。如果只是一直埋怨領二十二K，為何沒想過：大家都一樣起薪二十二K嗎？如果所有人都是二十二K，這個社會確實有問題，事實是很多工作薪資都遠高於二十二K，不少公司也提供了相當不錯的offer。也許也有人會說，每年畢業生這麼多人，幾萬人只能搶那幾個好機會，但是為什麼你不想辦法變成那十分之一或百分之一的人呢？

雖然說每個人都有自己的命，但你永遠都可以創造自己的價值，與其抱怨好事都輪不到自己，不妨換個角度想想，為什麼別人不是領二十二K，而你是二十二K？你要做什麼才能得到更好的待遇？若你做不出什麼，就要學會認命。光抱怨不會改變現實，只有採取行動才能。

我同意時下年輕人面臨的處境真的不好，但是我也真心相信，這些領二十二K的年輕人之中，若干年後，還是會有人破局而出，成為各領風騷的傳奇人物。如今回想起一九八六年我和同學父親的那席話，不難體悟，儘管每一個時代，成功條件不盡相同，但是，你，怎麼知道自己不會是其中一個佼佼者？

最後，我想要鼓勵正打開這本書的年輕人們，不管大環境有多艱困，都不要懷憂喪志。江山代有才人出，我相信，每個時代都會有自己的英雄。

國家圖書館出版品預行編目資料

微軟商學院 / 蔡恩全著.
--初版.--臺北市：平安文化. 2018.09
面；公分（平安叢書；第606種）
（邁向成功；74）

ISBN 978-986-96782-1-6（平裝）

494.35　　107013514

平安叢書第606種
邁向成功 74
微軟商學院

作　　者—蔡恩全
發 行 人—平雲
出版發行—平安文化出版有限公司
台北市敦化北路 120 巷 50 號
電話◎02-27168888
郵撥帳號◎18420815號
皇冠出版社（香港）有限公司
香港銅鑼灣道 180 號百樂商業中心
19 字樓 1903 室
電話◎ 2529-1778　傳真◎ 2527-0904
責任編輯—平　靜
美術設計—王瓊瑤
著作完成日期—2018年5月
初版一刷日期—2018年9月
初版二刷日期—2021年10月
法律顧問—王惠光律師

讀者服務傳真專線◎02-27150507
電腦編號◎368074
ISBN◎ 978-986-96782-1-6
Printed in Taiwan
本書定價◎新台幣380元/港幣127元